500个万万没想到 奇妙的科技发明

上

by Anne Rooney

[英] 安妮·鲁尼★编

丁丁虫 丁木言★译

Microfacts！
500 Fantastic Facts
about Inventions

华东师范大学出版社
上 海

申明

发明家是一份伟大的职业，但不是所有的发明都非常好用。本书中有些发明已经过时，还有些发明实际上很危险，所以请不要模仿！请各位读者使用经过安全测试的现代产品哦！

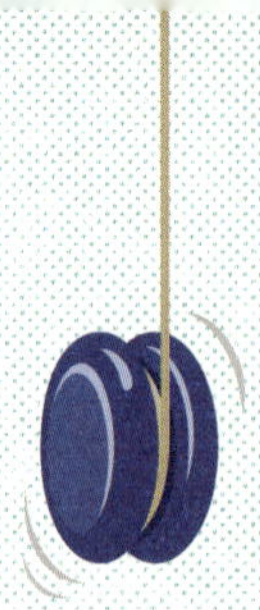

图书在版编目（CIP）数据

500个万万没想到：奇妙的科技发明 /（英）安妮·鲁尼编；丁子承，丁木言译. — 上海：华东师范大学出版社，2024. — ISBN 978-7-5760-4565-9

Ⅰ. N19-49

中国国家版本馆CIP数据核字第2024XY7377号

Micro Facts!: 500 Fantastic Facts About Inventions
by Anne Rooney

上海市版权局著作权合同登记　图字：09-2021-0201号

500个万万没想到——奇妙的科技发明

编　　者　[英]安妮·鲁尼
译　　者　丁丁虫（丁子承）　丁木言
责任编辑　胡瑞颖
责任校对　董　亮　时东明
装帧设计　冯逸珺

出版发行　华东师范大学出版社
社　　址　上海市中山北路3663号　邮编 200062
网　　址　www.ecnupress.com.cn
电　　话　021-60821666　行政传真　021-62572105
客服电话　021-62865537　门市（邮购）电话　021-62869887
地　　址　上海市中山北路3663号华东师范大学校内先锋路口
网　　店　http://hdsdcbs.tmall.com

印 刷 者　上海四维数字图文有限公司
开　　本　787毫米×1092毫米　1/16
印　　张　19.25
字　　数　230千字
版　　次　2025年1月第1版
印　　次　2025年1月第1次
书　　号　ISBN 978-7-5760-4565-9
定　　价　118.00元（全2册）

出 版 人　王　焰

（如发现本版图书有印订质量问题，请寄回本社客服中心调换或电话021-62865537联系）

目　录

没必要发明已经发明的东西

轮子最初是为陶工制造的，这样他们就可以在塑型时将泥块旋转起来，以此制造陶罐。

这是约 5500 年前两河流域（位于现代伊拉克）的人发明的。轮子被发明后过了约三百年人们才意识到它可以用来做成战车。

玩具猎豹

在哥伦布登陆前的美洲，美洲人并不用轮子来运货物。轮子被用在各式的玩具上——比如玩具小狗——并没有人使用有轮子的推车。这有可能是因为美洲并没有能拉车的诸如牛、马的大型动物。也许你可以试试让一只猎豹去拉车……

如果你只有一个轮子，你可以做一个——独轮推车

我们不知道古希腊人是什么时候发明轮子的，但约 2400 年前的一份列举建造神庙所用工具的文件里记载了一个叫作“单轮车的车身”的东西。这或许是某种独轮推车。

这也许是希腊人发明的。

中国人在大约 1900 年前就发明了独轮推车。相传诸葛亮曾发明了一种独轮车（木牛流马），用于在战地运输辎重。但由于他没有给这种独轮车加装把手，所以这并不是严格意义上的独轮推车。而民间的另一种传说认为一名叫作柯宇的农民也发明了独轮推车，但这位农民对独轮推车的制造流程守口如瓶。

第一台蒸汽动力车只有约 65 厘米长

传教士南怀仁在 1672 年发明了世界上第一台蒸汽动力车。他设计并制作了一个由蒸汽驱动的玩具汽车作为礼物献给了康熙帝。

这台蒸汽动力车加满燃料后可以连续运行一个小时。在那时，现代的蒸汽机还没被发明，所以南怀仁制作了一个使用煤烧水的结构，并将烧出的蒸汽导入一个风机中，由此产生动力驱动小车前进。

由于这台小车很小，并且设计者并不打算用它运载人或货物，因此它称不上是一个交通工具。

履带在粗糙路面上很好用

在 1770 年，英裔爱尔兰人理查德·洛弗尔·埃奇沃思提出了一个“能带着自己的路去行驶的马车”的发明建议，但并没能做出来。在 1846 年，詹姆斯·博伊德尔设计出了“复合车轮”，一种加装了若干金属“鞋子”的轮胎。这种轮胎会交替“踩”在金属“鞋子”上，如同加装了一个履带。这种轮胎被用在 1853–1856 年的克里米亚战争中，并于 1856 年被用在了一辆蒸汽驱动的拖拉机上。

1858 年，英国发明家约翰·福勒使用了一种由八个连接部分组成的履带，围绕车辆两侧的一对车轮运行。英国的霍恩斯比公司于 1905 年推出了类似于现代履带的产品。

那些并不太好的发明主意……

1770 年，理查德 · 埃奇沃思提出了一个发明设想：能跨越篱笆与栏杆的八条腿的木马交通工具。

有没有想过站在直升机的螺旋桨上飞？最好不要，这台直升机在 1956 年试飞失败后就报废了。

美国发明家西尔维斯特 · H. 罗珀在 1869 年发明了一辆蒸汽自行车。驾驶员需要不断地往燃料箱里投木炭才能继续前进。

在 19 世纪 70 年代风靡一时的“高轮单车”有一个巨大的前轮和一个小小的后轮。这种自行车速度很快，但也很不安全。

1894 年，德国飞行员奥托 · 李林塔尔制作了一台“扑翼机”——一种像鸟那样扇动翅膀以飞行的飞机。他在完成这项发明前由于一次滑翔事故逝世。

圆形的脚踏车就像一个给人用的巨大仓鼠轮。说实话这个好像并不比走路方便……

自从 20 世纪 30 年代开始，人们就提出了一种发明设想：可以让人坐在里面的独轮摩托车。但一个比较大的问题是驾驶员没办法看到自己正在往哪里走。

辛克莱 C5 是发明于 1985 年，1986 年退出市场的电动三轮车。它的最高速度仅有 24 千米每小时。

交通工具的最佳搭档是——路

公路看起来是很新的发明，但它们必须随着时间的推移不断被提升和改进。

在世界各地都能找到用石子或砖头铺成的路。古罗马人用大石头筑路，并在上面撒砾石以把路修平整。

世界上最早的沥青（柏油）马路可以追溯到约公元 8 世纪，如今伊拉克的巴格达，那里盛产石油，因此也有许多炼油副产物沥青。

苏格兰工程师约翰·劳登·麦克亚当于 1820 年发明了由压实的石子铺设的碎石路。威尔士发明家埃德加·珀内尔·胡利于 1902 年在碎石路的基础上添加了沥青与沙子。这种新的路较为结实且有卓越的防水性能。

滑雪已经有 5000 多年的历史了

在沼泽地带中发现的远古滑雪板和洞穴岩画中展示的滑雪场景告诉我们：人们在至少 5000 年前已经会滑雪了。这项运动的历史可能更久远。在石器时期，中亚的猎人用动物皮毛覆盖的滑雪板追踪驯鹿或麋鹿群。这些动物皮毛给了滑雪板额外的摩擦力。

北欧的农民、猎人与战士们在中世纪时都会滑雪。在 1840 年，人们发明了弯曲的滑雪板。这些滑雪板中间有一个凸起，将滑雪者的重量平均分散到整个滑雪板上。这样的滑雪板比以前的滑雪板更轻也更薄。

在狭小空间中的可控爆炸才是“正道”

内燃机是现代汽车的核心。

罗伯特·斯特里特在 1794 年发明了第一台使用液体燃料的发动机。法国工程师克劳德·尼埃普斯与约瑟夫·尼塞福尔·涅普斯在 1807 年用一台内燃机制作了一艘船。内燃机在成为汽车发动机前主要用于驱动工业设备。

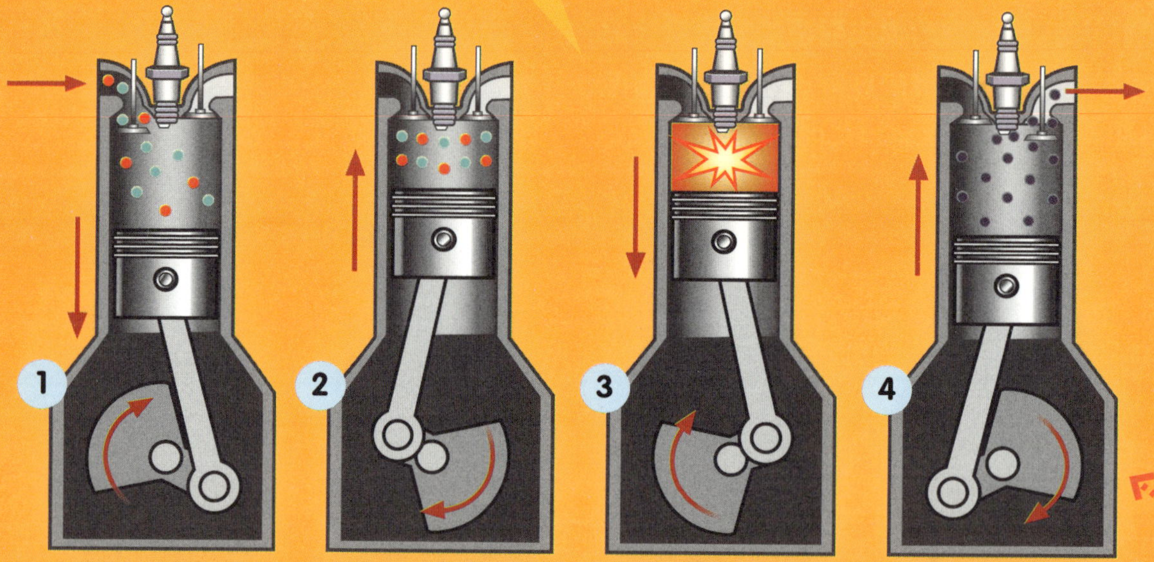

1 空气与燃料处于低压状态

2 空气与燃料被向上移动的活塞压缩

3 混合物被火花点燃，产生的压力驱使活塞向下移动

4 活塞向上移动，把废气推出

现代四冲程发动机利用火花点燃挤压在狭小空间里的燃料。爆炸推动活塞向下移动，以此带动轴转动——从而驱动轮胎或其他机械运动。活塞最后向上运动，把燃烧产生的废气推出，并吸入新的空气与燃料。

一个在海上漂的“人造飞碟”

英国工程师克里斯托弗·科克雷尔发明了浮船——一种飞机与船的混合体。它漂浮在充气的“裙边”上，“裙边”会使船的主体下方形成一个气穴。它可以水陆两用，所以在渡过海洋后，它可以在沙滩上驰骋。

20 世纪 50 年代，科克雷尔就开始了他的设计工作。在 1959 年，他做出了第一艘浮船。他最早的实验非常简陋——他在厨房里，将一个空的猫罐头放在装满水的咖啡罐中，用吹风机来吹动他的原型浮船。

改变人们生活方式的车

卡尔·本茨在 1885 年将一个内燃机加装在一个底盘上，由此发明了世界上第一辆汽车。

本茨的车有两个座位，三个轮子，没有车顶或车窗——事实上什么外部设施都没有。

本茨夫人把这辆车开去了 90 公里外母亲的家。虽然路上出了点岔子，但这次旅行证明了这辆车是可用的。

英国发明家托马斯·帕克在 1884 年制造了世界上第一辆电动汽车，比世界上第一辆汽车的发明时间要早。

费迪南德·保时捷在 1900 年设计制造了世界上第一辆油电混动车。

第一辆工业化生产的汽车——福特 T 型车——由美国的福特公司于 1908 年在美国发售。

福特 T 型车是第一款由生产线制造的车。

亨利王子是世界上最早的跑车，在 1910 年发售，共两款。

第一辆为普通大众设计的汽车是 1938 年德国发售的大众汽车。为了让所有人都能买得起，当时可以用特别储蓄计划购买这辆汽车。

尼桑聆风是世界上第一款全电动汽车，于 2010 年发售。

日本丰田普锐斯是世界上第一款实现量产的油电混合动力车，于 1997 年发售。

如果你有一只羊来拉婴儿车的话，就不需要保姆了

“小孩马车”是由英国建筑师威廉·肯特于 1733 年发明的。它的主体是一个贝壳状的篮子，有轮子，离地很低，可以由牲畜拉动。

随后现代意义上的婴儿车便出现了。早期的婴儿车是由木头或藤条与金属做的，导致它们又贵又重。不过起码它们可以由一个人推动，因此没有拉车的牲畜的家庭也能用上了。

非裔美国人发明家威廉·亨利·理查德森在 1889 年制造了世界上第一台可以转向的婴儿车。这个设计让宝宝在被推着走时可以面朝家长。更加轻便的婴儿车则在 20 世纪 60 年代出现。

现代婴儿车

成熟的潜水艇问世前的设计雏形

英国发明家威廉·伯恩在1578年设计了一艘潜水艇，但并没有造出来。

1620年左右，荷兰发明家科尼利斯·德雷尔将一艘船用涂满油脂的兽皮密封好，并配了一个划桨的船员。这艘“潜水船”在泰晤士河下潜了约4.5米。

威廉·拜耳的“海怪号”则更为大胆。海怪号是一艘木质潜水艇，依靠船员脚踏推动螺旋桨来前进。自1850年以来，这艘潜水艇在沉没前成功下潜了130多次。

美国工程师西蒙·雷克于1897年发明了一个名为“阿尔戈号”的潜水装置，在1898年完成了它的第一次出海航行，从美国弗吉尼亚州的罗福到新泽西州的桑迪霍克。阿尔戈号有一台汽油发动机，一架潜望镜和用来在海底行动的轮子。

轮椅赋予残障人士独立自主的权利

在 1595 年，身患残疾的西班牙国王菲利普二世拥有了一把椅子，椅子腿的底部装有小轮子，放腿的地方有靠枕，靠背可以自由调节。他自己无法移动，但是他的仆从可以推着他四处走。

德国钟表匠史蒂文·法弗勒在 1655 年制作了世界上第一台自驱的轮椅。他因故瘫痪而无法自己行走，于是在 22 岁时完成了这个发明。

世界上第一台折叠轮椅于 1923 年发明。在二战后电动轮椅应大量退伍残疾军人的需求而出现。近年来新研制的轮椅可以用两个轮子站起来或是能上下楼梯。

美国水管工艾伦·蒂姆于 1968 年为一个亲戚制作了世界上第一台电动代步车。这源于他对代步工具有限的选择感到沮丧，从而想发明一种让他的亲戚能够自如地移动的代步工具。

电动代步车比轮椅快得多

他在他的车库中完成了这个发明——一辆亮黄色的电动代步车，最高时速可以到 5–6.5 千米。

电动代步车比电动轮椅要便宜，并且现在的时速可以达到 12 千米——虽然电动代步车时速的世界纪录是 172 千米。

“踩高跷”的船能在水面上航行

水翼船是由意大利发明家恩里克·弗拉尼尼于 1906 年发明的。亚历山大·格雷姆·贝尔，著名的电话发明者，在 1919 年发明了一艘更快的水翼船。这艘船创造的速度纪录一直到 20 世纪 60 年代才被打破。

水翼让船能在水面上航行，减少了阻力。

水翼是用钢筋接在船底的板状物体，在低速航行时，船位于水中，而水翼也浸没在水里。随着船速的提高，水翼产生升力，让船离开水面。这样，只有连接的钢筋与水翼在水中航行，大大减少了阻力。

上升下降

最早的升降梯是一种用滑轮、绳子拉动的升降机械装置，在约 2300 年前就已经出现了。古罗马人甚至有用奴隶拉动的升降机，用来运输角斗士或野生动物到斗兽场中战斗。

最早的动力升降梯靠蒸汽机驱动。1835 年，两位英国建筑师设计了“蒂格”电梯。这台升降梯使用了一个配重来平衡向上与向下运动的轿厢。

美国发明家伊莱沙·格拉维·奥蒂斯在 1854 年设计了一款安全升降梯，它带有自动闭锁的门，以此来保护乘客的安全。他发明的第一款蒸汽驱动的安全升降梯于 1857 年被安装在纽约的一个购物中心。

平衡车非常好玩！

美国人狄恩·卡门在 2001 年发明了平衡车。它有一个可供站立的平面，两个厚轮胎，以及一个在行进时可供握住的扶手。卡门希望能改变人们在大城市中的交通方式。确切地说，平衡车介于徒步和交通工具之间。

一辆平衡车中使用了五个陀螺仪组成的系统来保证自我平衡，因此这辆车上的驾驶员基本上不可能掉下来。转向传感器在一分钟里会测量一百次驾驶员的重心，并依据重心的变化相应改变平衡车的位置。

把水（或油）往上推

包括挖掘机和电梯在内的很多机械使用了液压系统。这些系统依靠推动不能被压缩的液体来运作。

液压系统的原理非常简单。液体在一个封闭的管道中，在一边推这个液体便会导致另一边的液面升高，从而使另一边的活塞上升。

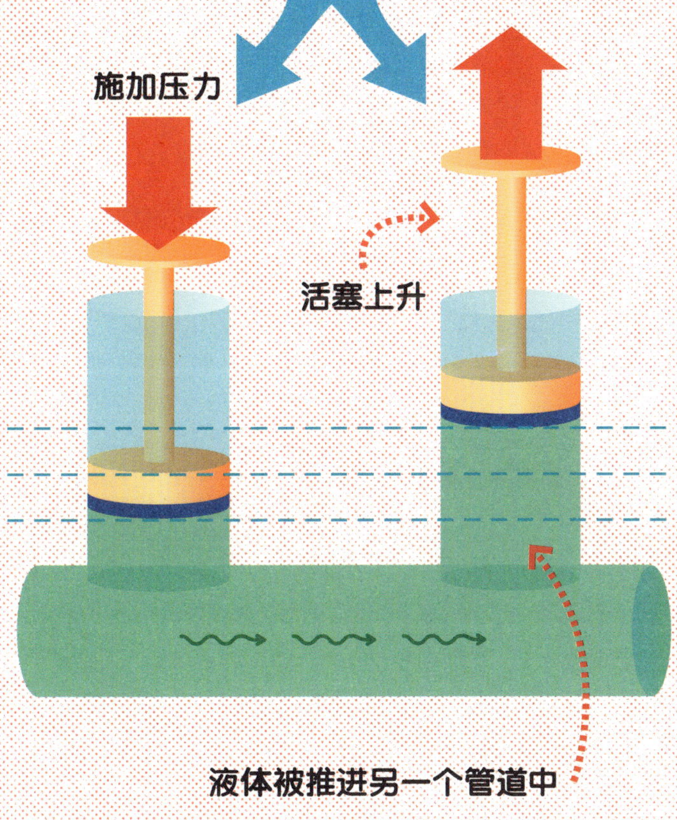

最早的液压机器是约翰·布拉玛于 1795 年发明的一台打印机。在 19 世纪的工业革命中，液压机器是一类重要的工具。人们很快就意识到油是比水更适合的液压液。油既可以在沸腾前被加热到更高的温度，也不会腐蚀机器。

往深处挖

最早的挖掘机使用绳索与滑轮来操控铲子。第一台使用液压驱动的挖掘机由威廉·阿姆斯特朗的公司于 1882 年在英国发明。这台挖掘机被用于开发霍尔码头。这台挖掘机使用水作为液压液，但并不完全依靠液压驱动，它还保留了绳索与拉杆。

第一台全液压挖掘机是 1897 年由基尔戈机械公司制造的直动式挖掘机。它有四个蒸汽缸并由液压驱动所有操作。这让它成为当时世界上最灵活的挖掘机——但总共只制造了五台。像当时的其他挖掘机一样，它需要在轨道上运行。

现代挖掘机

交通信号灯的发明早于汽车

最早的交通信号灯出现于英国伦敦的国会大厦门口。它被用来控制、引导来往的马车与行人。

最早的交通信号灯设立于1868年，由一名警察操控。在白天，这个交通信号灯会伸出两个标有“停止”与“注意”的横幅；而在晚上，则会点亮有红色、绿色玻璃的煤气灯。红绿灯的变化依赖一个警察手动调整，以此确保一侧是红灯而另一侧是绿灯（这个工作听起来好像没什么意思）。不幸的是，在1869年1月（不到一个月内），这盏灯爆炸了。

在美国，最早的电力交通信号灯于1912年发明，而最早的有三个灯的电力交通信号灯则于1920年发明。自动计时器则在1922年被加装在了这些交通信号灯上。

据说自行车的发明与火山喷发有关

1815 年在印度尼西亚的一次火山爆发导致欧洲 1816 年的夏天格外的寒冷。除了众多人员伤亡外，许多马匹也饿死了。德国公务员卡尔·冯·德莱斯发明了一辆木质的可行动的自行车作为马匹的替代品。他在测试中仅用了不到一小时就前行了约 13 千米。

英国发明家丹尼斯·约翰逊改进了这个发明，新的版本更为受欢迎，大家叫它“脚蹬两轮车”或“双轮小车”。

在 1851 年，法国铁匠皮埃尔·米修在双轮小车的前轮上加装了脚踏，这就是最早的脚踏自行车。当时的人们给它起了“震骨器”这一称号，因为这辆自行车骑起来实在是太颠簸了。他在 1868 年建立了第一个自行车工厂。

最早的缆车让马儿们轻松了不少

安德鲁·史密斯·哈里迪发明了一种用于从矿井中运出一桶桶金属矿的索道。他用一个不断运动的金属环来运送金属矿。为了加固这个系统，他设计了一个由更多可以弯曲的金属丝组成的金属缆绳。

当他看到那些艰难地爬上旧金山陡坡的马匹时，他决定改进自己的发明，在他的缆绳系统上加装车厢，用来运送人上下山，让马匹不再辛苦。最早的缆车系统于1873年开始运行。

在高空飘荡

空中缆车最早是用来在山上运送土、石与矿石的。在1644 年，第一台空中缆车由亚当·怀贝建造于波兰。这是一台用绳索运输土的设备，由马匹驱动。

在 1893 年西班牙的直布罗陀，一台空中缆车被用来同时运输士兵与货物。在那一年，另一台相同的设备在中国香港建成，用来运输工人。人们很快意识到空中缆车还能成为一种很好玩的用于看风景的游乐设施。1907 年，第一台供游览用的空中缆车建于西班牙的乌利亚山。

自动驾驶汽车

最早的自动驾驶汽车是由无线电控制，或是沿着路上的轨道行驶的。只有在高性能电脑与全球定位系统出现后，真正的能在道路上行驶的自动驾驶汽车才成为了可能。在 1994 年，两辆自动驾驶汽车在巴黎的普通道路上以 131 千米每小时的速度行驶了约 1000 千米，不过驾驶的过程中有一定的人为干预。

从 1997 年开始，荷兰的阿姆斯特丹斯希普霍尔机场里使用了一辆完全无人驾驶的公交车来运送游客。不过这辆车使用了路上埋着的磁力系统来定位方向。谷歌在 2015 年展示了一辆真正无人驾驶的汽车。这次展示中车辆移除了方向盘与踏板，并且唯一的乘客是一位视障人士。

一个在车库里捣乱的小孩发明了雪上摩托车

在约瑟夫 – 阿曼德 · 庞巴迪 14 岁时，他的父亲受够了他拆家里的东西的习惯，因此给了他一辆坏掉的福特 T 型车让他在车库里拆着玩。

在一个寒冷的冬天，庞巴迪用这辆坏掉的 T 型车做了个有用的东西。在 1921 年的新年夜，他把 T 型车的发动机安装在两块木质滑雪板上，又加装了一个螺旋桨，然后启动了发动机。一辆可以在雪中滑行的雪上摩托车便被发明出来了。在 14 年后，他终于做出了第一辆可商用的雪上摩托车。他在二战中为加拿大军队做了一辆，并在 1962 年发布了一款供休闲娱乐的雪上摩托车。

火箭是奢侈的烟花

火箭运送人或设备上太空的方式和中国人于一千多年前发明的烟花是同一个原理。

燃烧产生能量与废气，这些废气在高压下从火箭尾部被释放出来，把火箭向上推。

最早使用液体燃料的火箭是由美国工程师罗伯特·哥达德于1926年发明的。这个火箭很小，且续航很短，只飞了约12.5米，持续飞行了两秒钟。

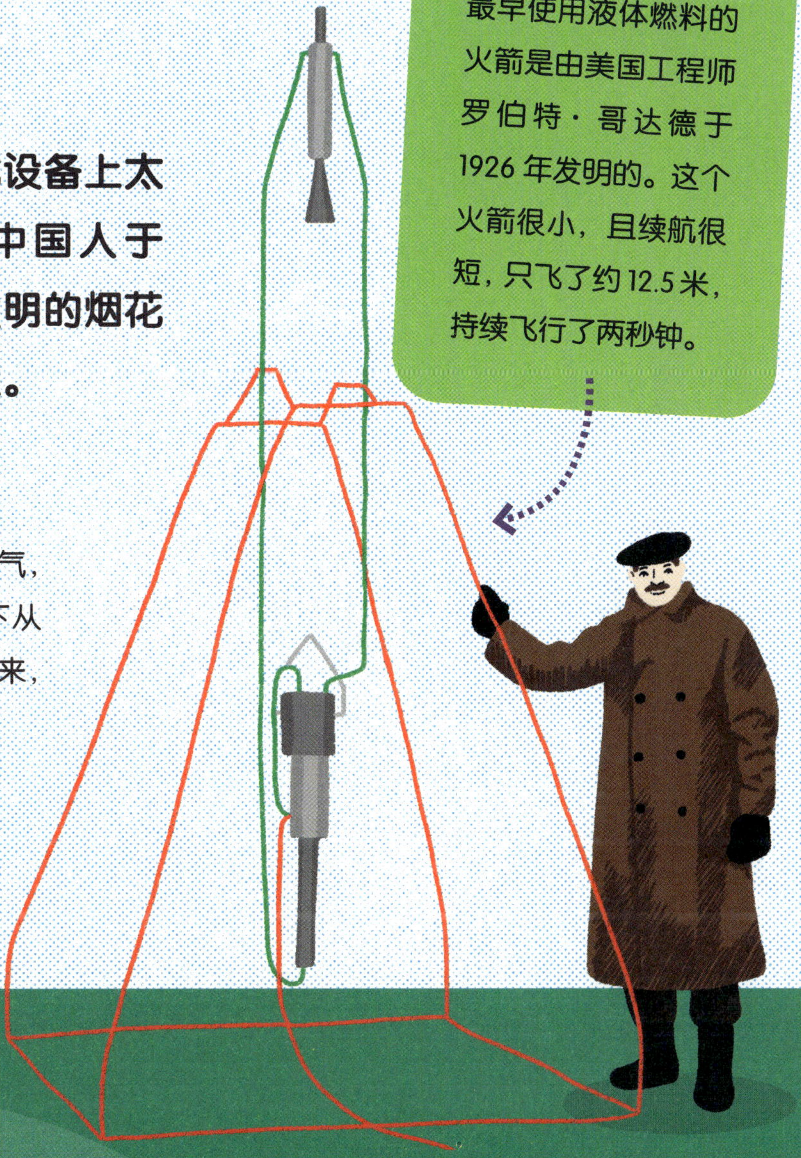

最早到达了太空的火箭——向上飞100千米以上——1944年由韦恩赫尔·冯·布劳恩于德国发射出去。它被发明出来的初衷是在二战中运输炸弹。

太空火箭的大部分箭体只飞了几分钟就被扔掉了

为了发射各类航天器，我们需要比以前的那些小火箭大得多的火箭。

第一枚将物体运到太空的火箭发射了苏联的斯普特尼克 1 号（见第 98 页）。这枚火箭装载了足以将卫星带到正确位置的燃料，在完成任务后便被丢弃。

多级火箭

将人类带往月球的火箭以及之后的火箭都是多级火箭。每一级火箭都有自己的发动机与燃料。在耗尽燃料后，这一级火箭会被丢弃。哥达德于 1914 年设计并申请了多级火箭的专利，但这项设计一直到 1958 年木星 1 号发射探险者一号卫星时才被用上。

喷气式飞机和火箭的原理是一样的

最早的喷气发动机可以追溯到公元前 150 年古罗马人统治的埃及。它有一个球，里面的水被加热后，会产生蒸汽从两个喷嘴喷出，从而使球转动。这个装置并没有什么实质性的用途——它只是很好玩而已。

喷气发动机的原理和它一样。空气被一个风扇吸进发动机中被压缩，并与液体燃料混合。随后燃料被点燃，燃烧产生的气体从后面的喷嘴喷出，把航天器向前推动。

喷气发动机分别由两位发明家汉斯·冯·奥海恩与弗兰克·惠特尔各自独立发明。奥海恩在 1936 年发明了第一架能飞的喷气式飞机。

现在我们用雪橇在雪地上移动。在车轮会下沉和陷入的地方，雪橇则能从上面滑过，它的重量可以被分散。

雪橇最早用在沙地上

最早的雪橇是用在沙地上的。古埃及人用弯曲的木板作为雪橇在沙地上运送巨大的石块，包括雕塑与方尖碑。在干沙上，雪橇容易卡住，所以古埃及工匠用倒水的方式来解决这个问题。

摩托车是有发动机的自行车

创办自行车工厂的皮埃尔·米修（见第 26 页）是第一个把小型蒸汽机加装在自行车上的，以便减轻驾驶员脚踩踏板的劳累。其他人也沿用了这种方式，但是需要不断地添加燃料让这辆车显得有些不便。

1885 年，两位德国发明家戈特利布·戴姆勒与威廉·迈巴赫把一个小的燃烧式发动机加装在了自行车上，并随后发动了这辆车。他们本来计划把这个发动机用在一辆小型汽车上，而他们做出的是世界上第一辆摩托车：戴姆勒摩托车。

戴姆勒摩托车

现代摩托车

轮滑刚被发明时是很危险的

原始的轮滑出现于 1743 年伦敦的一出舞台剧中，但没人知道是谁发明的。

约翰·约瑟夫·梅林在 18 世纪 60 年代发明了现代轮滑。他把它穿到了一个在伦敦举办的派对里。随后他便撞到了一个镜子上，受了重伤。

法国发明家佩特布雷德先生在 1819 年申请了一款轮滑的专利。这是一种直排轮鞋（轮子在一条线上），但这个设计也让它很难刹车与转弯。

普林顿的四轮轮滑

美国发明家詹姆斯·莱昂纳德·普林顿在 1863 年做出了更好用的四轮轮滑。他在 1866 年开设了世界上第一个轮滑场。

潜水艇比船更早用上螺旋桨

螺旋桨起源于阿基米德式螺旋抽水机，它是近 2500 年前设计的一种运水装置。很多人提出这可以用来驱动船舶前进，而英国的罗伯特·胡克于 1683 年最早实现该想法。

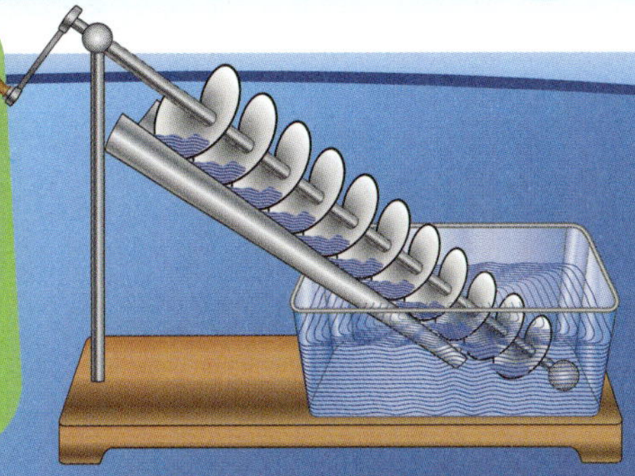

阿基米德式螺旋抽水机

大卫·布什内尔的“海龟”号潜水艇是最早使用螺旋桨驱动的实用交通工具。他在 1775 年完成了这个发明，在 1776 年的美国独立战争中使用这艘潜水艇于纽约港攻击了英国皇家海军的鹰号战列舰（未成功）。捷克裔发明家约瑟夫·雷塞尔在 1826 年成功地制造出螺旋桨驱动的船。

最早的直升机在发动机出现前就被设计出来了

直升机的叶片是依照着在风中旋转的种子制作的。中国的小孩们在约 2400 年前就已经玩竹蜻蜓了。意大利科学家莱昂纳多·达芬奇在 15 世纪 80 年代画了一种能垂直起飞的“飞行螺旋桨”。

莱昂纳多·达芬奇

法国发明家于 1861 年创造了“直升机”这个词，但他的发明并不能飞。最早的直升机在 1906 年被发明出来。法国的雅克兄弟和路易·宝玑发明了旋翼机一号。这架飞机在离地约 60 厘米的空中飞了 1 分钟左右——但每个角需要一个人举着。

世界上最早的可以自由飞行的直升机在 1907 年诞生。保罗·科努的直升机在无外界帮助的情况下于离地约 30 厘米的空中飞了约 20 分钟。

安全第一——但有效的安全带很晚才出现在汽车上

规范地系安全带能让车祸死亡率降低约一半，但最早的车没有任何安全带或只有很简单的安全带。

可伸缩安全带最早由美国医生 C. 亨特·谢尔顿于 1955 年发明。谢尔顿对车祸后头部严重受伤的人数之多感到痛心，并提出了许多改进建议，包括加装保险杠，以及安全气囊。

现在的标准小汽车安全带是由尼尔斯·博林——一名沃尔沃的工程师——于 1959 年发明的。博林意识到安全带必须能很快系好并且让人舒适，要不然人们就不会用。

漫游车的速度并不快

漫游车是在其他行星或月球的表面行驶的交通工具。有的由车载电脑操控驾驶或由地球上的人远程操控驾驶，而有的由航天员驾驶。

最早的可远程操控驾驶的漫游车是卢诺霍德 1 号，由苏联的月球 17 号探测器于 1970 年带往月球。这辆车在五天内只行驶了约 197 米。

最早的火星车是 1997 年在火星上登陆的旅居者号。

月球车最早由美国的阿波罗登月项目在 1971 年到 1972 年使用。这些车由电池驱动，并由航天员驾驶。三辆车现在都还在月球上。

开足马力——在海上

美国发明家约翰·费奇在1787年制造出了世界上第一艘蒸汽船。这艘船长约13.7米，在特拉华河上航行。在1807年，罗伯特·富尔顿推出了第一条商业蒸汽船，从美国纽约开往奥尔巴尼，全程约241公里，耗时约32小时。

这些蒸汽船都是桨轮蒸汽船，只能在河流上行驶，而在1813年理查德·怀特推出了世界上第一艘能在海上行驶的蒸汽船——他用一艘木船改造的。

在1821年，第一艘专门制作的金属蒸汽船在法国与英国之间航行。

第一艘专门建造的可以跨大西洋航行的轮船于1838年下水，即伊桑巴德·金登·布鲁内尔的大西方号邮轮。

有时候，好点子来得太早了

在 1849 年，美国发明家阿尔弗雷德·伊利·比奇提出要建设一个纽约的地下轨道系统。

二十年后，在 1869 年，尽管没获得批准，他在纽约的一部分地下建设了一个隧道，并安装了一个自己设计的气动轨道系统（由气压驱动的火车）。

这个隧道长约 95 米，并只有一个站（所以你需要从你进去的地方出去，这个系统完全没用，不过挺好玩的）。

第一年，有超过四十万名乘客前来乘坐，但三年后人们失去了兴趣，因此这里被关闭了。

地下的火车开始行驶了

最早的地铁系统于 1863 年在英国伦敦投入使用。乘客坐在敞篷木头车厢里，蒸汽机燃烧产生的废气与烟灰全都吹在了乘客的身上。尽管它非常脏、令人不舒适也不健康，但第一天还是有约三万名乘客前来试坐。

最早的电气化地铁于 1896 年在匈牙利的布达佩斯开张。轨道总长约 3.7 千米，并且现在依然是布达佩斯地铁系统的一部分。

美国波士顿是第一个建设地下轨道系统的城市，供这个城市 1897 年就拥有的有轨电车使用。

GPS 知道你在哪

GPS（全球定位系统）是告诉你你在哪里的导航工具。在 1973 年，由一支周末被关在房间里设计通用导航系统的美国军事人员团队设计。GPS 是他们的设计成果。

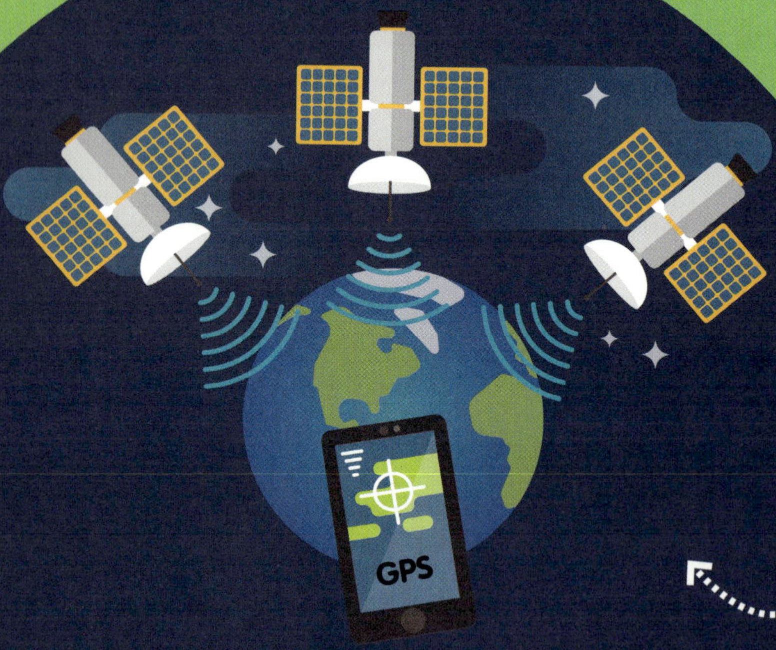

GPS 接收器通过接收至少三个卫星的信号来确定你距离它们的距离，以此确定你在地球上的位置。现在总共有大约 30 个卫星确保 GPS 的运行。

热空气可以带动一个气球上升

蒙哥菲尔发明的最早的热气球

蒙哥菲尔兄弟约瑟夫·麦克和雅克·艾蒂安是一名纸匠的孩子。他们发现把热空气装在一个纸袋里会让它上升。他们于是用更大的袋子做实验，燃烧袋子里的羊毛，从而让袋子里充满热空气。

在 1783 年，他们把一只公鸡、一只羊和一只鸭子放在热气球的篮子里送上了天空。对于鸭子和公鸡来说，这应该是很常见的事情，但是对那只羊来说，这肯定是一场冒险。

这个气球在约八分钟后于 3.2 千米外的地方降落。两个月后，他们成功让一位人类乘客完成了飞行。

用热水产生的蒸汽让轮子动起来

让交通工具动起来，需要能量来源。一台蒸汽机通过燃烧的煤来加热水产生蒸汽，以此作为驱动能量。蒸汽会驱动一个连接着轮子的活塞。随着活塞的运动，轮子也跟着转了起来。

蒸汽机最早是用来驱动诸如水泵的固定机器的。一个西班牙采矿管理员杰罗尼莫·德·阿扬兹在1606 年制作了一台由蒸汽驱动的水泵，把水从井里泵出来。

英国发明家汤马斯·纽科姆在 1711 年发明了一台不容易爆炸的安全蒸汽机。

在 1765 年，苏格兰工程师詹姆斯·瓦特改进了蒸汽机，让这种设备能够用来驱动交通工具。他在 1776 年开始大批量制造蒸汽机。

磁悬浮列车靠磁力驱动

火车一般是在轨道上运行的对吧？这符合我们对火车的印象。但磁悬浮列车不在轨道上行驶——它们悬浮在轨道上行驶。

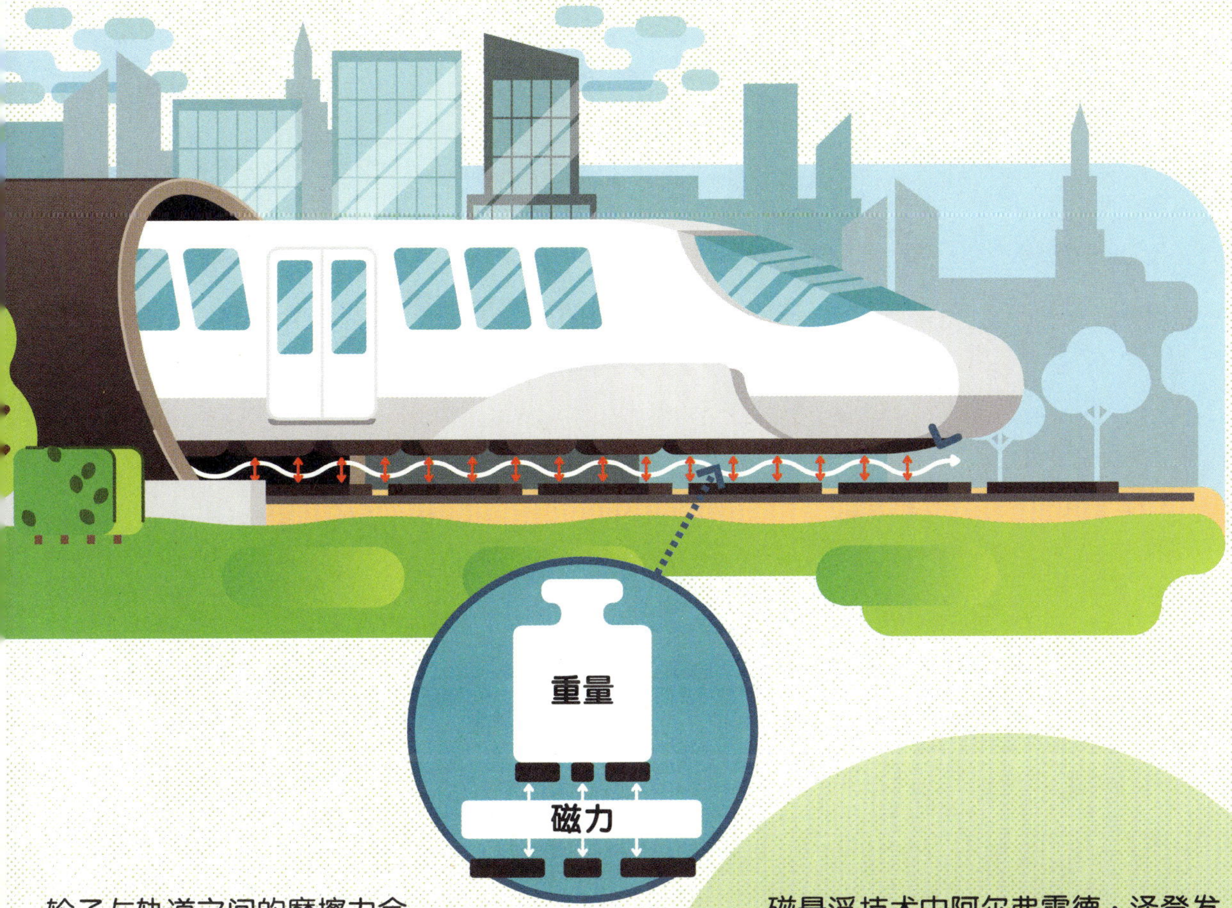

轮子与轨道之间的摩擦力会让火车变慢，所以解决摩擦力的最好办法就是让火车悬浮在轨道上方。磁悬浮技术用电磁铁来保证列车悬浮在轨道上以及向前运动。

磁悬浮技术由阿尔弗雷德·泽登发明，但在那时并没有建造这种列车的技术。在 1940 年，埃里克·莱斯怀特制作了第一台发动机模型，而世界上第一辆磁悬浮列车于 1984 年在英国伯明翰运行。

从轨道到火车

在石头上凿出车辙方便车辆通行的办法至少已经有三四千年的历史了。虽然当时的车是用牛或马拉的。

最早的轨道是约 2600 年前古希腊的一条车辙。它被用来在两个海岸之间运送船或货物。

大约在 1600 年，英国建设了在木质轨道上通行的运输车来运输煤炭。

1768 年，一些木头轨道被包上了铁，成为了铁轨。

1803 年，世界上最早的公共铁路诞生了。人们使用马拉的车厢来运输。这条铁路连接了伦敦附近的克罗伊登和旺兹沃思。

理查·特里维西克于1804年建造了世界上第一台蒸汽驱动的机车，从威尔士的矿井里运输铁矿。

苏格兰发明家罗伯特·戴维森在1837年设计了世界上第一列电力火车，但在19世纪90年代前，火车公司对他的设计并不感兴趣。

乔治·史蒂芬生于1829年制作了著名的火箭号蒸汽火车，它是后来蒸汽火车的形象来源。

1882年，英国人在火车上加装了厕所。

世界上最早的内燃机火车于1913年在瑞典投入使用。

在地面上冲浪

滑板最早可以追溯到 20 世纪 40 年代，是因为一些加利福尼亚的冲浪爱好者在没有海浪以供冲浪时感到无聊而发明的。没有人知道谁最早提出了这个主意，但推测应该由不同的人发明了很多次。最早人们称呼滑板为“街头冲浪”。

最早的滑板是加装了轮滑轮子的木板，是由老式滑板车改进而来的——这是一种带有轮子的窄木板和一个作为把手以供操控放在前方的木箱组成的交通工具。滑板和滑板车很像，只是滑板没有前方的把手，并且可供站立的地方更宽。

老式滑板车

最早的拖拉机一度被退货

美国农民约翰·弗罗利赫并不喜欢笨重与危险的蒸汽农具，于是决定发明一种更好的工具。

他在 1892 年发明了最早的拖拉机。依靠一台燃烧汽油的发动机驱动，并可以往前、往后移动。

弗罗利赫与一些商人合作来卖他的拖拉机。他们卖出了两台，但买家立刻退货了。于是他们的公司转去制作固定的器械，并同时尝试改进他们的拖拉机。更好用的拖拉机于 1914 年诞生，随后大受欢迎。

现代拖拉机

在高空中飞机起飞了

据说在 1648 年提托·李维欧·布拉提尼发明了一种能带猫升空的有四个固定机翼的滑翔机。

英国工程师乔治·凯莱在 1804 年发明了一种可以运行的滑翔机模型，这是最早的比空气重的现代飞行器。

早在 1849 年之前，凯莱就发明了一种滑翔机，并用它搭载了一个十岁的男孩，推测是他的孙子。

1853 年，凯莱的真正的滑翔机带着他的一个仆人一起升空了，这是第一次完整记录的滑翔机飞行。

1903 年，来自美国的莱特兄弟韦伯和奥维尔在他们的莱特飞行器里进行了世界上第一次带动力的载人飞行。这次飞行只持续了几秒。

最早的客机，俄罗斯的伊利亚·穆罗梅茨，在 1913 年运送了 16 名乘客。它有一个豪华客舱，分离式的休息室与卧室。

最早的喷气式飞机是德国的亨克尔 He–178，于 1939 年在德国制造。

1947 年的美国，一架飞机第一次打破了音障——速度超过了音速。

最早依靠人力飞越英吉利海峡的人力飞机是 1979 年的游丝信天翁号，依靠脚踏驱动。

最早的隐身飞机是 1981 年诞生的 F–117“夜鹰”战斗机。它使用特殊的科技来防止自己被雷达发现。

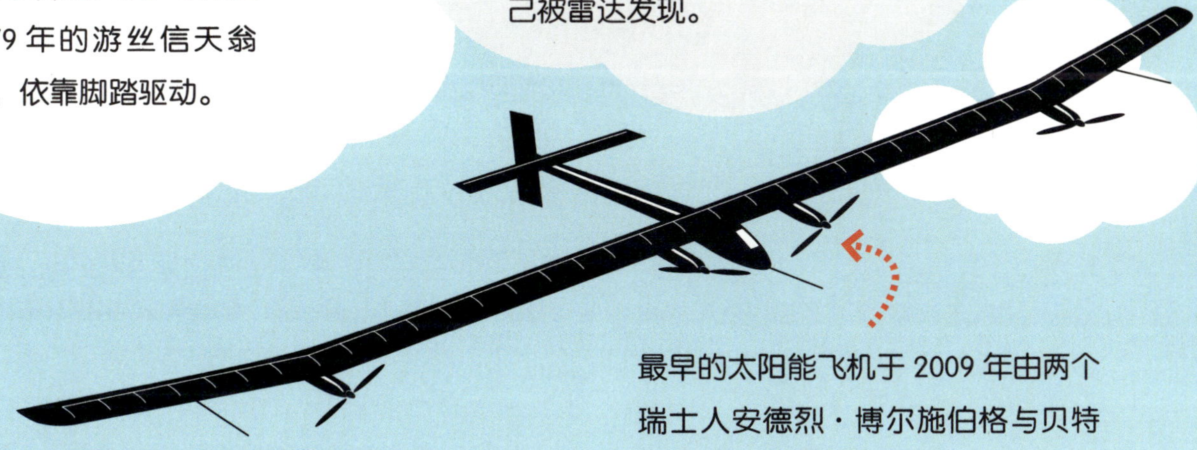

最早的太阳能飞机于 2009 年由两个瑞士人安德烈·博尔施伯格与贝特朗·皮卡尔发明。

墙上的画

现在，我们如果在墙上画画会被人制止，但在石器时代并不是这样的。事实上，石器时代的人在洞穴墙上画的画是我们所知的最早的传递信息的方式。这些画给我们提供了关于这些山洞里住着的原始人的生活信息。最古老的壁画发现于印度尼西亚，距今已有约 40000 年历史了。有一些在欧洲的壁画也几乎一样古老。

通过辨认画中的动物与打猎场景，我们可以了解祖先的时代里生活着的动物。在墙上的手印如同签字一样，告诉我们画家是谁。

最古老的壁画，约 52000 年到 40000 年前。

手印，阿根廷，约 13000 年到 9000 年前

拿起一支铅笔

铅笔发明于 1564 年英格兰的坎布里亚郡。那里的人们发现了大量的石墨——一种晶体结构的碳。他们将片状的石墨切成条，随后将它们塞进空心的木条里，便制成了铅笔。他们以为这些石墨是铅，于是就把这种笔叫作“铅”笔，而这种叫法一直沿用至今。

1795 年，法国士兵尼古拉斯·雅克·康特发明了一种将石墨与黏土混合在一起的方法。一个制作铅笔的工厂随后于 1832 年在英格兰石墨矿旁开张。

一支钝了的铅笔可不好用

最早，人们用刀削铅笔。法国数学家贝尔纳·拉西蒙内在 1828 年发明了世界上第一个专门用来削铅笔的工具。使用时，人们需要将铅笔在许多小金属锉上磨，这听起来好像非常费力。

现代的削笔刀是一种在一个狭窄的空间里安装有一把小刀的工具，只需要转动铅笔便可以将铅笔削尖。它由法国发明家蒂埃里·德斯埃斯蒂沃于 1849 年发明。你可能会觉得这就是削笔刀最终的样子了，但并非如此。

美国人阿尔伯特·迪克在 1896 年设计了一种机械削笔刀。它有一个气派的名字——星球铅笔指示器。两个磨盘围绕铅笔旋转和移动，而整个装置则用曲柄固定和带动。

请微笑！

法国发明家约瑟夫·尼普尔·尼埃普斯在1824年发明了世界上第一台相机，并拍了张照。现在，相机的曝光时间微不足道，但在当年，尼埃普斯的相机需要连续曝光好几天才能拍下一张法国美景的照片。

尼埃普斯的相机

很幸运的是，法国画家路易·达盖尔和尼埃普斯合作，改良了这台相机。1839年，他揭示了“银版照相”工艺，这种工艺能将图像保存在薄薄的铜片上。其他人很快就改进了这种工艺——卢米埃尔兄弟在1907年就将原来的黑白照片技术改进成了彩色照片技术。

走进电影

从静止的照片到动态的影片其实很简单——影片只是把很多连续的照片连在一起展示而已。

迈布里奇的第一部影片

最早的影片于 1878 年诞生。是因为英国摄影师埃德沃德·迈布里奇与美国商人利兰·斯坦福打了个赌。斯坦福认为一匹奔跑的马总有一刻是四条腿都离地的。迈布里奇因此将一匹奔跑的马拍了下来，而这十二帧的影片证明斯坦福是对的。斯坦福帮助迈布里奇制作了一个投影仪，并通过这个投影仪在 1879 年放映了世界上第一部影片。

斯坦福的投影仪

从无声电影到有声电影

电影很快就成了一种新的欣赏故事的方式。最早的电影有动态的画面，但并没有声音。对话需要通过字幕来展示。但这会打断画面上正在播放的动作（并且如果你看字幕的速度比较慢则没办法看完）。

最早的有声电影在 1900 年的巴黎出现，但第一部有声商业电影在这之后很久才出现，并且只有音效，没有人声。最早的有人声的电影是 1927 年上映的《爵士歌手》。

刚开始，人们认为有声电影不会受欢迎，一个电影公司的老板曾写下他对有声电影的评价：“不错的点子，但也只是个点子而已。”

用文字书写

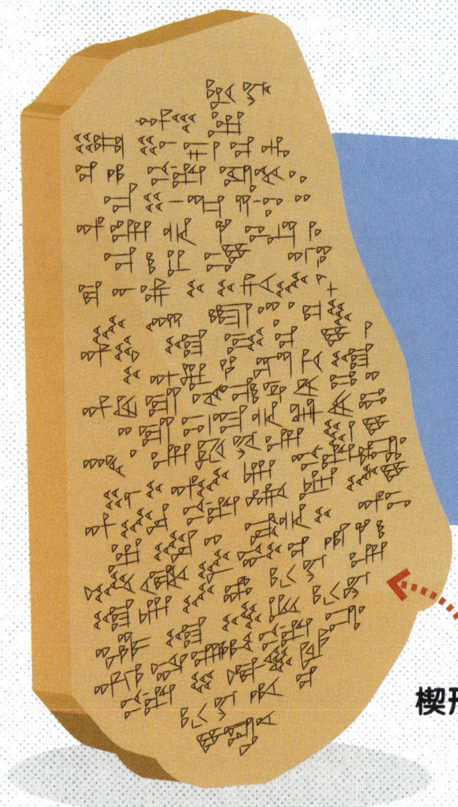

楔形文字

最早的书写文字出现在 5200 多年前的两河流域（现在伊拉克）。这种文字被叫作楔形文字。人们用一种被称为“触笔”的特殊形状的棍子在软泥板上按压出文字。然后他们烘烤这块泥板来保存书写的内容。

中国的书写文字于 3200 多年前出现。最早以刻在占卜用的龟壳、骨头等上面的甲骨文形式存在。

玛雅文字

中美洲、南美洲的书写文字出现于 2900 多年前，人们认为这些书写文字是独立出现的，就像一个突然冒出的好点子一样。

一张张的纸

当你想要写东西的时候，你需要能书写的载体。泥板算是一种很好的载体，但泥板很重，也很厚。

古埃及人在约 5000 年前就开始使用用莎草秆制成的莎草纸，但真正意义上的纸张直到约 2100 年前才被发明出来。

宦官蔡伦是世界上第一个做出纸张的人。他把桑树树皮与麻布捣碎、混合并把做出的纸浆压平，晒干。

这样制作出的纸张比莎草纸更好，因为墨水会渗入纸张中，不会被洗掉。这让伪造文件变得十分困难。

从数数到书写

大约 10000 年前的两河流域使用各种形状的筹码来代表常见物体。

一个圆锥体代表一桶谷物，而一个椭圆形物体代表一罐油。

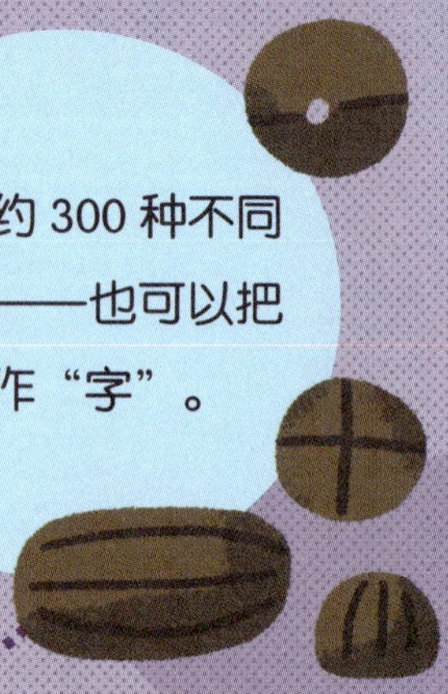

那时有约 300 种不同的筹码——也可以把它们称作“字”。

约 4000 年后，人们在一个泥“信封”里记录欠的债，一个“信封”记录一个。

不打开信封就看不到里面的东西，所以有的人在泥信封外面按上一个形状，来表示里面装了什么。

那为什么需要信封呢？其实并不一定需要，所以后来大家就用泥板代替了泥信封。

最早的文件是记载买卖或欠债的泥板。

数字让记载变得更为简单。人们不再需要画三十个代表油罐的椭圆形图案，他们只需要画一个图案，并附上数字就可以了。

如图所示，很多的相同图案可以用一个图案加上数字代替。

代表声音（对话中的词）的图案在约 5000 年前出现，最早用于记录人名。

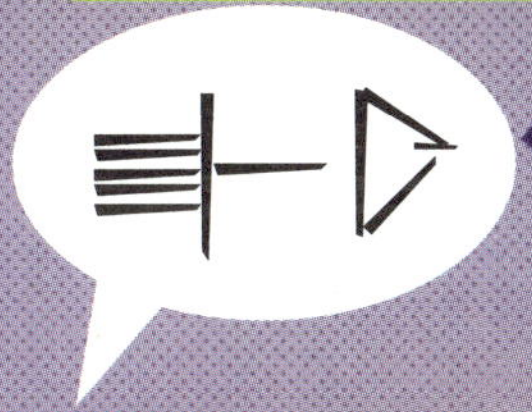

苏美尔语的古老名字

在名字之后出现的文字是墓志铭。一种可以用来记录很多事的书面语言。

从小棍到笔

最早的笔是用芦苇制成的，一端被削尖可以用来蘸上墨水，由埃及人在约 2400 年前发明。

后来，人们开始用同样的方法改造羽毛用于书写，羽毛笔从约 2200 年前一直使用到 19 世纪。

1822 年，约翰·米切尔在英国伯明翰的一家工厂里开始制造金属笔尖。很快，这种有金属笔尖的笔就代替羽毛成为了书写的工具。金属笔尖其实出现得很早。古埃及就曾出现这种金属笔尖，只不过大概只有身居高位的政府官员才能使用。

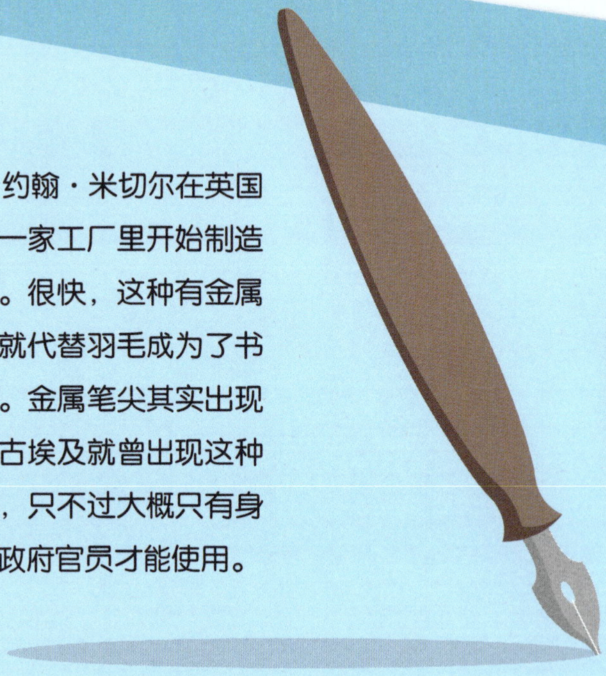

英语里用“笔刀”指代美工刀，这是因为以前人们需要随身携带一把刀来切割羽毛以便做成笔。

比罗发明了圆珠笔

20 世纪 30 年代，匈牙利记者比罗·拉斯洛·约瑟夫想要一支不会漏墨的笔。他很快设计出了一种通过笔尖的滚珠滚动来书写的笔。他的兄弟，一名化学家，调配出了一种粘稠度合适的墨水以便使用这种笔。他们在 1938 年申请了这种圆珠笔的专利。

由于比罗是犹太人，在第二次世界大战中他被迫逃离匈牙利。最后他到达了阿根廷，并在当地得到了制作圆珠笔的资金。最早的圆珠笔价格要将近 43 美元，相当于近 300 元人民币！

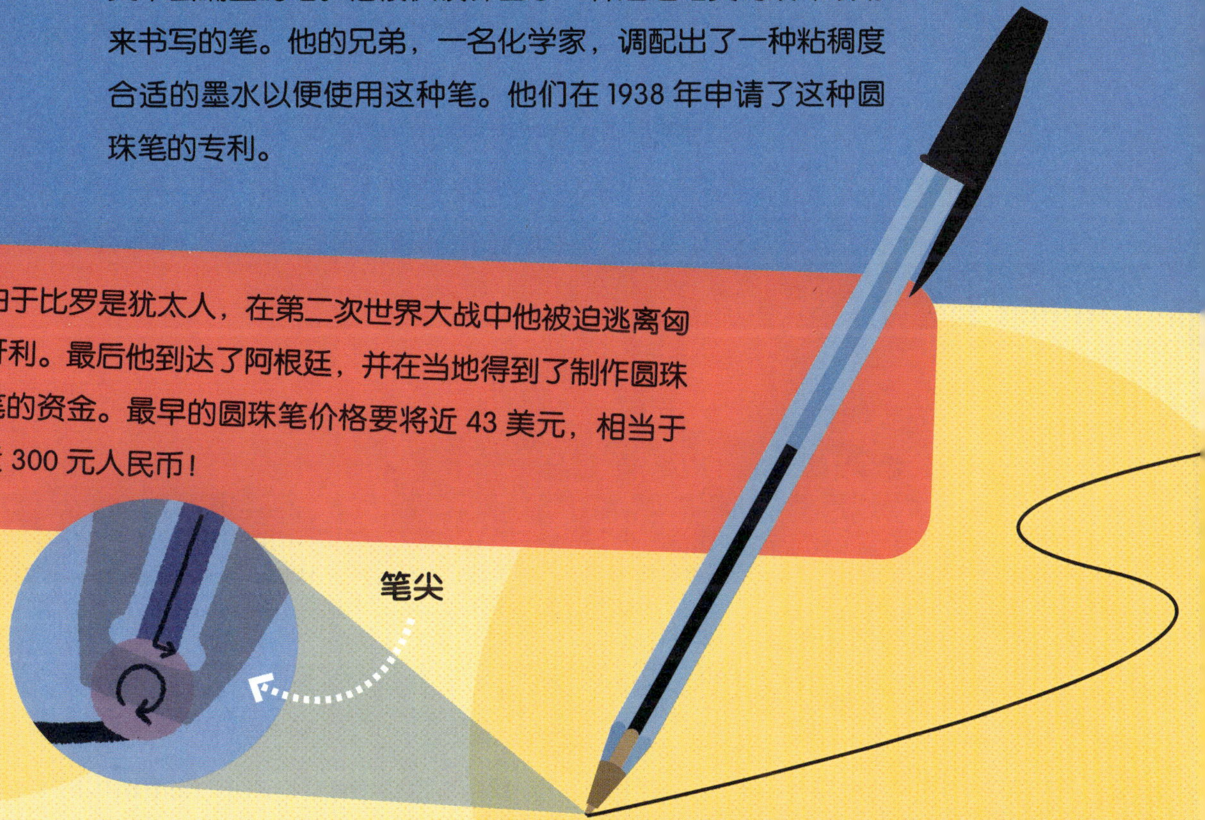

给我寄一张明信片吧！

英国的第一张明信片有可能是个玩笑，而美国的第一张明信片则是一个广告。

英国最早的明信片由英国画家西奥多·胡克寄出给自己。上面画的是一些邮政工作者。有可能他只是想要收到一封信，因为当时邮政系统才刚出现。

美国最早的明信片在 1848 年寄出。明信片比信件更划算，因为美国邮政系统按照寄出文件的页数收钱，而信封也被当作一页纸来计算！只寄一张明信片意味着只按一页纸来收钱。

敲，敲，敲出电报

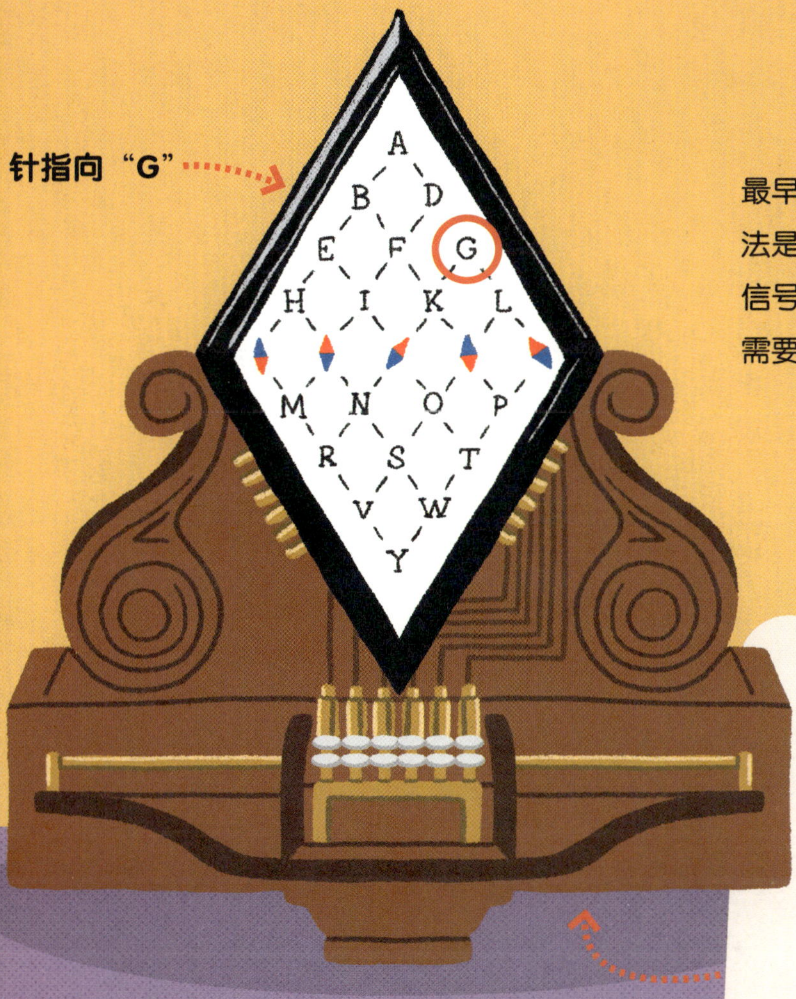

最早的长距离自动传输信息的方法是电报。电报通过电线传输电信号。这意味着在发电报的地方需要有很多的电线。

19 世纪 30 年代，威廉·库克与查尔斯·惠特斯通在英国发明了世界上最早的电报系统。它有六条线，分别连接着一根针。至少需要五根针一起工作才能传输一个字母。这套系统很快就被用于铁轨信号，但这套系统无论在哪里都需要五条线！

在美国，萨缪尔·摩尔斯制作了一个只需要一条线的更简单的系统，因此这套系统只能传输一种信号，所以后来他为此发明了摩尔斯电码。

点、点、横

当操作员按下一个按键时，电路会接通，随后摩尔斯电报就发出了一个信号。在另一端，接收器会发出一个声音。操作员唯一能改变的就是自己按按键的时间，所以摩尔斯发明了一个基于点（按较短时间）和横（按较长时间）的编码系统。

每一个英文字母有自己对应的一套点与横编码。S 是三个点，E 是一个点，T 是一个横，等等。

比较常用的字母有比较简单的代码。

比较不常用的字母则有更长的、更复杂的代码。

通过无线电传递信息

电报需要收发地之间有电线连接，这样才能收发信息。下一步的发明就是去掉这些线，使用无线电。

意大利发明家古列尔莫·马可尼在 1894 年完成了世界上第一次无线电传输。他在自己家中发出信号——敲响了一个铃，并把它转换成一种信号传到了家中另一个房间。他很骄傲地展示给了自己的母亲看。一年后，他改进了自己的传输天线，让他的信号能传到约 3.2 千米外。在 1897 年他传输了世界上第一个跨海信号，而在 1901 年他的信号跨越了大西洋。不过这个信号并不好听——他传输的只是摩尔斯电码而已。

印刷术比你想象的要更历史悠久

如果你只能通过笔或刷子复制想要传播的文件，那么你没办法同时传播给很多人。印刷术让大量传递信息成为了可能。

最早的印刷术出现在大约 2000 年前的中国。印刷时，工匠需要在刻有图案的石板上涂墨水，然后把一张纸或布按压在上面。在公元 650 年，印刷技术发展到让人能够在木板上刻文章与图片，这使印刷变得更为简单。尽管每一页都需要手动刻制，但一块板可以用来印很多次。

活字印刷术带来很大的变革

1045 年左右，中国的毕昇改进了印刷术。他制作了许多陶瓷的活字印章。这些活字能够随意排列。通过将这些字排列在框架里，涂上墨水，将一张纸按压在上面，便可以印出文字或图画。

德国铁匠约翰内斯·古登堡又更进一步改进了该技术。大约在 1450 年，他发明了一台有可升降压力板能将纸张按在字母版上的印刷机，并改良了印刷用的墨水。印刷的书很快取代了手写的书。书一多，读书的人也就多了，这长久地改变了我们的社会。

尽情地阅读吧——报纸上的新闻

报纸只有在印刷变得迅速且便宜时才会出现。世界上第一张印刷的报纸出现于 1609 年，在如今的德国。它的标题是“所有杰出和值得纪念的新闻”（德语），在斯特拉斯堡由约翰·卡罗勒斯印出来的。

在此之前，人们通过手写的新闻纸，或通过在集市、其他人群聚集的地方公布信息的街头公告员获取新闻。

用敲击的方式来写字

在打字员按下按键时，打字机将金属字母压在墨带上从而把墨印到纸上。

最早的打字机于 1808 年由意大利发明家佩莱格里诺·图里为自己的盲人朋友发明制作。她用这台打字机写的信还在，但打字机本身已经不见了。

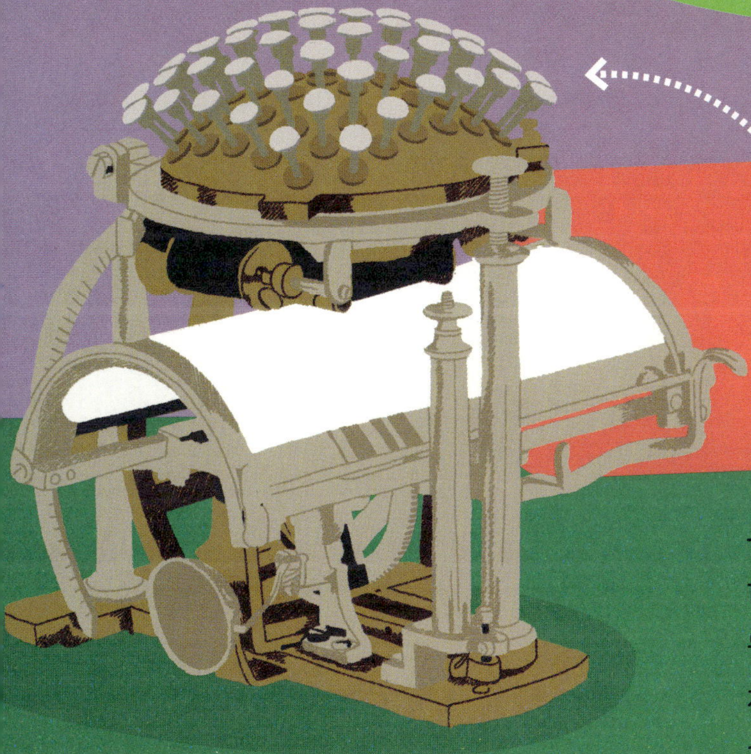

最早的成功的打字机是 1870 年诞生于丹麦的“写字球”。对我们来说，这台打字机好像上下颠倒了，因为它的按键在上面，而纸张放在下面。

一台有更现代化键盘的打字机于 1873 年由美国发明制造。雷明顿一号是一台漂亮的打字机，上面画有花朵和其他的装饰。在 1878 年著名的雷明顿二号代替了它。

从 ABC 到 QWERTY

你有没有好奇过电脑键盘上的字母是按奇怪的顺序排列的？其实，从打字机时代开始就已经是这样了。

最早的打字机按照英文字母的顺序排列（A,B,C,D,……）。最早的把 QWERTY 放在第一行的打字机是雷明顿一号，但这台打字机只有大写字母，所以打出来的字看起来都像是在大叫一样。

这种字母的排序方法由克里斯托弗·肖尔斯，一位美国密尔沃基参议员和报社编辑所发明。他最早设计的是按照字母顺序排列的键盘，但这种键盘老是因为使用者按下两个相邻的字母而卡住。所以肖尔斯重新排列了这些字母，让出现在一起的概率较小的字母相邻连在一起，避免了卡住的问题。

给新手的字词处理教程

使用打字机，人们需要从零开始手动打出每一份文件。第一次尝试自动化这个过程的人用一段纸带记录并告诉打字机该打出哪一个字母。

1964 年，IBM 公司发明了一台使用磁带记录的打字机。存在磁带上的文件可以被编辑，甚至被删除，以让这个磁带可用于记录别的文件。IBM 公司把这台设备称为“文件处理器”。1973 年后，人们使用软盘来记录文件。

随着个人电脑的兴起（见第 85 页），文字处理指令从打字机中被人们发掘出来，成为一种程序——文字处理这才真正开始兴起。

晶体管：控制电流的流向

电子设备需要让电流定向、定量流向指定的地方。电流的变化则由晶体管掌控。它们既是小小的开关，也可以将一个微弱的电信号放大。助听器就通过晶体管让一个小的电流变大，使得人们听到的声音变大。

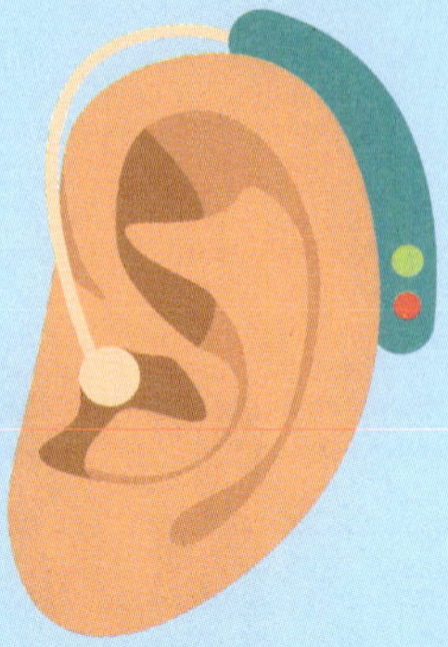

助听器

晶体管于 1947 年由三个美国发明家威廉·肖克利，约翰·巴丁和沃尔特·布拉特恩发明。

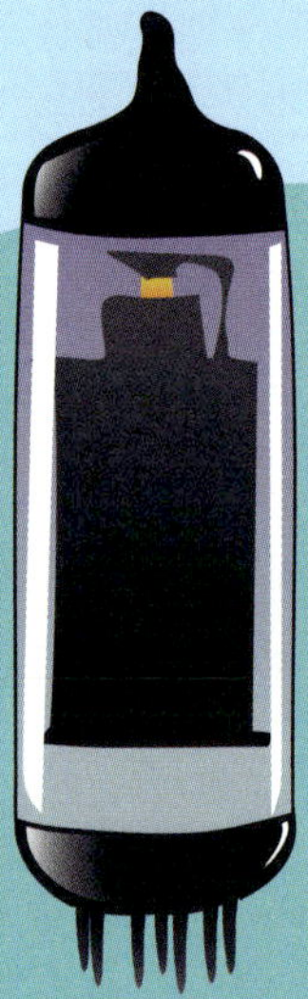

真空电子管

现在的晶体管比以前的真空电子管小了很多，因此现在的电子设备可以比以前小很多。

晶体管收音机

看电视时，时间过得很快

在 20 世纪 50 年代，用摄像机记录电视节目很困难，因此很多电视节目都是实时的。

但这在一些诸如美国有很多时区的国家则非常不方便，因为大家并不在同一个时间看电视。解决办法就是可以记录视频的磁带。

最早的磁带录像机于 1956 年诞生，专门由电视公司提供。最早的家用款于 1964 年推出，但这个产品的价格太高，因此只有一部分人用得起。20 世纪 70 年代，三种廉价的视频磁带出现了，但这些磁带与录像机互相不兼容。场面混乱到索尼贝塔（1975 年推出）与 VHS（1976 年推出）所属的两家公司互相竞争，都想要将对方的产品挤出市场。最后 VHS 胜出了。

VHS 磁带

磁带录像机

听起来不错！

1877 年，爱迪生的留声机就能够记录并播放声音了。

爱迪生的留声机使用包在一个圆筒外面的锡纸记录声音。声音所带来的震动使触针在锡纸上画出一道线。

要播放这个录音得用另一根针顺着这道线移动。声音由一个喇叭放大。

19 世纪 80 年代，亚历山大·格雷厄姆·贝尔将锡纸换成了一个涂有蜂蜡的瓦楞纸筒。

19 世纪 90 年代，埃米尔·贝利纳制作了一个带有凹槽的坚硬的圆盘来代替纸筒，这便是最早的唱片。

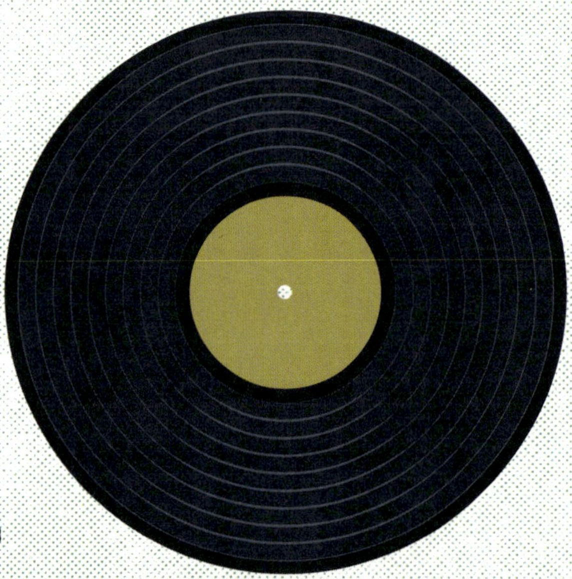

发条留声机使用唱片播放声音，而之后的唱片机也一样。

磁性录音系统始于 1898 年，是一种在金属丝上记录的系统。声音被转换成能够磁化金属丝的电信号。

磁带后来代替了这些金属丝。

磁带

1962 年，飞利浦公司推出了第一台使用塑料盒式磁带的个人卡式录音机。

20 世纪 80 年代的随身听

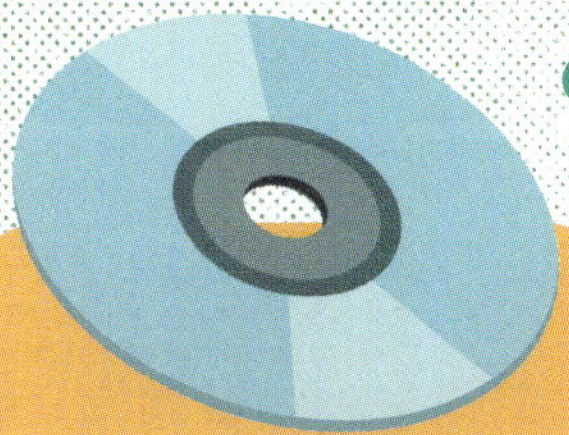

1982 年，激光唱片的出现让声音的记录数字化了。

在家里看电影

人们最早购买录像带以便记录电视节目，方便日后回看。很快，影视公司开始使用录像带发布电影。

为了避免磁带时代经历的昂贵的“格式战”，所有对光盘感兴趣的公司提前约定好了光盘的格式——这样好多了！

磁带容易被拉伸变形，并且如果你想跳过一个部分，则需要手动将磁带调到后面的部分。

最早的光盘播放器于 1996 年在日本推出，一下解决了磁带的这两个问题。你可以立刻跳到视频的任何部分，只要光盘没有坏。

没有碟片了！

声音和视频从被记录在磁带（或唱片）上发展成被记录在光盘上，并且通过激光读取。

但随着新的视频格式的发明，家庭电脑的发展，以及网络变得更快速，人们可以通过下载文件来购买音乐和电影。

MP3 文件格式最早于德国诞生，随后 SubPop 唱片公司在 1999 年发布了世界上最早的 MP3 格式的音乐。MP3 播放器也在那一年发布——时间正好，因为人们不会想要自己听不了的音乐文件。

接收邮件

最早的邮政系统出现在约 2500 年前的波斯（现在的伊朗）。当时的国王（可能是居鲁士二世或大流士一世）要求所有省份都得有一个系统：能够收取与发放每一位公民的邮件。

最早的有完整记录的邮政系统出现在约 2000 年前的古罗马。他们甚至有专门使用快马运输的邮政车。

在古印度、古中国和蒙古国也有早期的邮政系统。在 1294 年时，蒙古国有一个庞大的邮政系统：它在中国就有 1400 多个驿站。据统计，这个系统有近 4000 辆车、6000 艘船、50000 匹马和 1150 只羊……（用羊来送信？）

贴好邮票的信表示已经付过钱了

在邮票出现前，邮资由收到信的人付。这封信多贵取决于信里有几张纸和这封信走了多远。所以如果给隔壁村寄一张纸会很便宜，而把一份很多页的文件寄到另一个城市则要花很多钱。

最早的邮票被叫作黑便士，因为它是黑的，并且价值一便士。并不是很有想象力，是不是？这个邮票的名称是罗兰·希尔取的。随着预付邮资与邮票的出现，现代邮政系统成型了。

无法计算——哦，不对，可以计算！

查尔斯·巴巴奇在 1822 年设计出了他的差分机——世界上最早的电脑，但并没有做出实体来。

一台能运作的差分机于 1991 年在伦敦科学博物馆制造完成。（见第 86 页）

最早能运行的电脑是巨人计算机，在二战时由英国发明制作，用于破解德军密码。

巨人计算机在战后被摧毁了，因为它是战争机密。

最早的多用途可编程计算机是电子数字积分计算机（ENIAC），诞生于 1945 年的美国。

最早能存储程序的计算机的名字叫作宝贝（BABY），诞生于 1948 年的英国曼彻斯特。

最早有桌面、选项和图表的电脑是 1973 年发布的施乐奥托（XEROX ALTO）。

1975 年发布的牛郎星 8800 计算机是世界上最早的个人电脑。使用者需要自己把一箱零部件拼好。

牛郎星 8800 计算机没有键盘，没有屏幕，没有鼠标，没有存储程序的功能，也没有打印机。

最开始，个人电脑存储信息的方式是使用磁带，和存储视频、音频的一样。

最早的便携式电脑比现在的笔记本电脑大得多——奥斯本一号重达 10.7 千克！它于 1981 年发布。

艾达的语言

差分机

世界上第一套编程语言由（没）做出世界上最早的电脑的查尔斯·巴巴奇的朋友艾达·罗浮莱斯发明。艾达是一名很有天赋的数学家，她研究出了巴巴奇的差分机可能需要的指令，并根据此制作了自己的编程语言。编程语言 ADA 以她的名字命名。

被广泛使用的第一套电脑编程语言是 1949 年诞生的短代码（Short Code）。程序员需要将自己想要电脑运行的指令转换成 0 和 1，以便电脑理解（现在这一步叫作编码，由电脑自动完成）。第一种主流计算机高级编程语言是 1957 年开发的公式翻译语言（FORTRAN），专为科学计算而设计。

在家里看动画

最早的电视于 1926 年在伦敦高档百货中心塞尔福里奇展示。

苏格兰工程师约翰·洛吉·贝尔德发明了电视发射机。他沿用了声音转化为无线电波的技术原理，以此隔空传播图像。

没有东西可看的电视机并没有什么用。最早的电子电视机服务出现在 1935 年的德国柏林。英国广播公司（BBC）在 1936 年开启了定期广播服务。

最早的电视图像是黑白的。20 世纪 50 年代开始，屏幕开始使用红色、绿色和蓝色的像素，以此展示不同色彩和色调。

用指尖阅读

大部分文字在纸上都是平的，因此盲人读不了。幸运的是，有一套专门给盲人使用的文字——他们使用指尖来阅读。

布莱叶盲文是基于高出页面的点排列组合形成的一套系统。由路易斯·布莱叶，一名幼时失明的 15 岁法国学生于 1824 年发明。1829 年，布莱叶把这套系统沿用到音乐上，让盲人也可以读懂音乐。

最早用于输出布莱叶盲文的设备是布莱叶盲文打字机，在 1892 年由在美国伊利诺伊州盲人学校工作的弗兰克·哈文·霍尔发明。

电线不需要手动排布，它们可以被印出来

印制电路板（PCB）让电路变小了很多。印在绝缘塑料板上用来连接电子元器件的铜线代替了原先的基板与电线。先用铜箔覆盖这块绝缘电路板，随后它会被放进一种蚀刻溶液中，然后光源通过线路光罩照在电路板上，这个溶液会“吃掉”所有不需要的铜，只留下需要的。

印制电路板从 20 世纪初开始就有人尝试做了，第一块成功的印制电路板是由澳大利亚工程师保罗·艾斯勒制作出来的，于 1936 年左右在收音机上运作。

更小的电路让一切成为了可能

所有的现代电子产品都需要集成电路。这些电路就像印制电路板一样，不过人们不再把整个电路印在一块绝缘的电路板上，而是把整个电路缩减集成为一块蚀刻过的硅片（一种半导体材料）。

集成电路由美国工程师杰克·基尔比与罗伯特·诺伊斯于1959年发明。

现在我们身边从手机到可编程洗衣机、手表、车，甚至能唱歌的生日贺卡里都有集成电路的身影。它们那小小的空间里包含了数以亿计的晶体管和其他电路，所以所有电子设备都可以做得很小。

最早的鼠标是木质的

鼠标由道格拉斯·恩格尔巴特于1964年发明，并于四年后展示出来。在展示时，他一并介绍了窗口、超链接、互联网等概念，以及鼠标。这样大家可以一起工作、互相分享信息。要知道，互联网在此之后过了20多年才出现，而当时没有任何一台电脑有窗口、图表以及选项窗口的功能。

恩格尔巴特的鼠标是木质的，底部有轮子，通过一根线与电脑连接。

最早与鼠标一起售卖的个人电脑是1983年苹果公司推出的图形界面计算机（Lisa）。在1984年苹果公司推出麦金塔电脑后，鼠标变得大受欢迎。

麦金塔电脑和附带的鼠标！

笔记本可能是凯撒发明的

古罗马人在覆盖着蜡的木板上用一根金属棒刻画来书写。

约 1900 年到 2000 年前，一个人——有可能是凯撒——提出了将木板改成牛皮纸、羊皮纸的想法。所以书籍的装帧形式有可能是源于书写的需求而非阅读的需求。

在书出现之前，文章一般被书写在卷轴上——卷起来的纸张。书的出现迅速代替了卷轴。书更好储存，也比卷轴便宜，因为在书本中每一张纸的两面都被充分利用了。

在屏幕上阅读故事

你喜欢在纸上还是屏幕上读书?

人们尝试通过电子墨水屏模仿在纸上阅读的感觉。电子墨水屏最早出现在 1997 年，一年后便诞生了世界上第一款电子书阅读器——火箭电子书。人们一开始并不觉得它是个好发明，直到 2006 年索尼阅读器出现。亚马逊于 2007 年发布 kindle 阅读器，甚至五个小时内就卖完了。

随后的几年，电子书很受欢迎，但很快平板电脑与智能手机出现了。专门用来阅读的电子书阅读器开始显得有些多余了。谁知道 20 年后你会从什么载体上读取信息呢。

电脑与电脑对话

在互联网刚出现时，世界上并没有关于猫咪的视频或者梗图。当时只有令人感到枯燥的文字，而且大部分都与工程和科学有关。

1962 年，约瑟夫·利克莱德预言了将有一个能连接全球的电脑来沟通与共享信息的“星际网络”。现在的互联网也差不多实现这个预言了。

1969 年，美国高级研究计划署开发的网络（俗称阿帕网）连接了四所美国的大学之间的电脑。这个系统把信息切成一份份然后通过电话线传输，随后在接收端按照顺序拼好运行——和现在的原理一样。

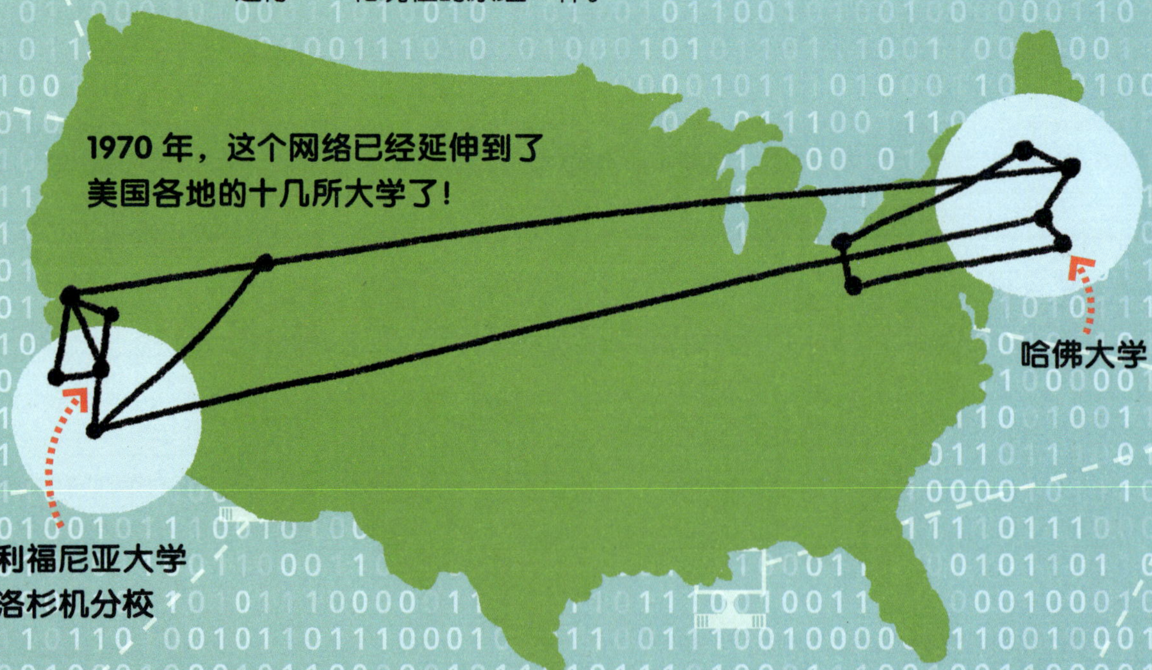

电子邮件让垃圾邮件成为了可能……

让电脑火爆的“功臣”是 1972 年推出的一类很简单的电子信息服务，由美国的雷·汤姆林森发明，而这个系统最终成为了现代的电子邮件系统。

汤姆林森的系统允许人们在不同电脑之间发送信息。他选择使用“@”符号来分隔人（用户名）与组织名称，而“用户名 @ 组织名”这种格式现在依然在使用。

最早的垃圾邮件出现于 1978 年。它是一个关于新款电脑发布的广告，被发送给了使用阿帕网的 2600 个用户中的 400 个。

完善互联网

阿帕网诞生的二十年后，英国科学家蒂姆·伯纳斯－李产生了将世界上不同地方不同电脑的文件链接到一行文本中的想法。他向自己的上司提出了现在的万维网的想法，但他的上司认为这个主意太过宽泛，所以并没有给他研究资金。

幸运的是，伯纳斯－李对他自己的想法很有热情，因此他就算没有资金也坚持继续研究了下去。他设计了 HTML（超文本标记语言），网址的命名原则，传递信息的方式，以及第一个浏览器（以供信息的展示）。他在 1990 年展示了他的发明。

他让所有人都能免费、开放地使用他的发明，一直到现在仍然是。所以现在我们才能看到那些可爱猫咪的视频和梗图。

把它放到信封里……

除非它就是信封。

最早商业化的信封实际上是信纸。人们在信纸上写完信后，折叠好，并用封蜡直接封上。

英国邮政于 1840 年成立时，也推出了一款名为“马尔雷迪”的信纸。这种信纸上有一个设计图案，并且自身含有一便士的邮资，这样就不需要再购买邮票了。但由于这个设计过于华丽，导致被人们嘲笑。人们甚至认为政府在尝试控制信封的供应。大部分人仍然使用自己的信封并额外购买邮票。

展开的信纸

折叠后

人造卫星绕着地球转

人造卫星是绕着地球（有时候是太阳）旋转的物体。

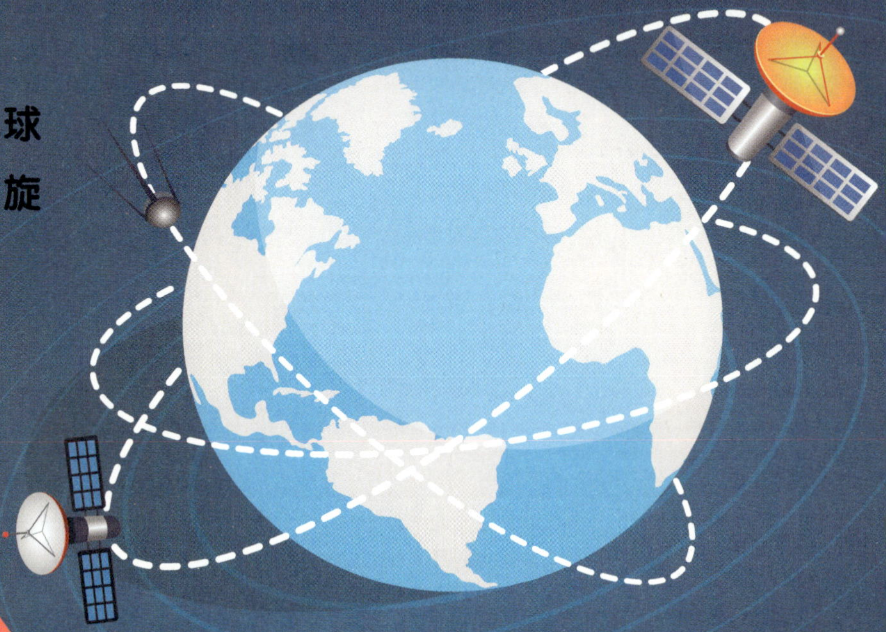

它们有很多用处，比如电信通话、全球定位、天气预报和宇宙观测。

世界上第一颗人造卫星是苏联于 1957 年 10 月发射的“斯普特尼克 1 号”。他们有更宏大的卫星计划，但由于现实问题决定先发射一颗更小的以验证可能性，并且抢在美国之前先到达太空。

斯普特尼克 1 号宽约 58 厘米，重约 83 千克，大小跟一个沙滩球差不多。它在太空中持续 22 天给地球发射信号，在两个月后于地球大气层中烧毁。

转圈？还是不动？

同步卫星是一种特殊的人造卫星，在地球的通讯系统中有重要的地位。它们与地球表面的相对位置是不变的，但这不意味着它们是静止不动的，因为地球一直都在自转。同步卫星需要正好一天的时间绕地球一圈，与地球同步自转。

哈罗德·罗森发明了世界上第一颗同步卫星“辛康二号”。这颗卫星在 1963 年升空，但这个概念最早在 1928 年提出。而最早可用的通讯卫星“辛康三号”在 1964 年给美国转播了东京的奥运会。

叮铃铃

两位发明家亚历山大·格雷厄姆·贝尔与以利沙·格雷几乎同时发明了电话。

贝尔在尝试改进电报的方法时，他发现如果用电线传递人声效果会很好。

他们在 1876 年同一天一个小时内先后在美国注册了电话的专利——贝尔更早。

最早的长期室外电话线于 1877 年发明以及铺设，长度仅有 4.8 千米。

最早的电话机房于 1878 年设立。当时，所有的电话需要操作员手动转接。

最早的自动电话交换机在 1891 年出现。

电话号码在 1879 年出现。在此之前，人们通过报出对方的名字打电话。

最早的投币电话在 1889 年出现于美国康涅狄格州的哈特福德。

1918 年，美国已经有超过一千万台电话了。

最早的跨大西洋电话在 1927 年出现，通过无线电传输。

1955 年，人们开始铺设跨大西洋电话电缆。

触摸屏

现在的我们每天都能在超市、图书馆、学校等地方接触诸如手机、平板电脑、笔记本等有触摸屏的设备。

触摸屏由美国雷达工程师爱德华·约翰逊发明于 1965 年。直到 20 世纪 90 年代末，空中交通管制系统一直在使用他设计的压力触摸屏。

电阻式触摸屏（可以感应手指或触摸笔的屏幕）发明于 1970 年。物理研究人员在研究中使用导电纸时发现，他们可以将导电纸换成屏幕，屏幕上有两层电线，当触摸屏幕时两层电线压在一起，就会形成回路，并记录下位置。

惠普公司在1983 年推出了世界上第一台有触摸屏的电脑，随后，在 1993 年世界上最早的触摸屏手机诞生了。

最早的智能手机叫“西蒙”

最早的移动电话网络于1946年出现，通过无线电连接车载电话。电话需要由接线员手动转接，并且只有几个无线电频道，所以只有很少的人能同时打电话。

1973年，摩托罗拉公司推出了第一台手持移动电话。尽管它的价格非常贵（约4000美元，也就是将近30000元人民币），并且它需要充10小时电而只能使用30分钟，人们依然感到很激动。最早的手机网络诞生于1979年的日本。

最早的智能手机是IBM公司推出的“西蒙”，在1993年发布。它有很多软件，一支数码笔和一块屏幕，但是它并不能访问互联网——这个功能在1999年的日本才出现。

手术一点也不疼了

19 世纪以前，所有手术都没有麻醉剂。如果你出事故了，没有任何办法止痛。

1789 年，英国科学家汉弗里·戴维发现“一氧化二氮”（笑气）能让自己大笑，并且不会感受到疼痛。不过他并没有拿这个气体做任何有用的事情——比如建议让医生开始使用这种气体。

在 1845 年，笑气终于被用来让患者在手术时麻醉。不幸的是，患者在手术当中醒来了。一年后，一种叫乙醚的化学物质被用来代替笑气。十分神奇——人们在拔牙或骨折手术时不再感受到任何疼痛。

吸入，呼出

苏格兰医生詹姆斯·杨·辛普森在 1847 年发现氯仿比乙醚更适合做麻醉剂。氯仿是一种液体，不过使用时依然要像气体一样由患者吸入。如果放任氯仿在空气中飘荡的话，医生也会由于麻醉剂的影响而反应迟钝，因此人们使用一张浸满了氯仿的布来麻醉患者，不过依然会有一些气体泄漏飘到手术室中。

英国医生约翰·斯诺发明了一个方便患者吸入氯仿的吸入器。这个吸入器由一个呼吸的面罩，一个装氯仿的罐子和连接两者的管道组成。氯仿在 1853 年维多利亚女王使用它生孩子后变得大受欢迎。

只是有点麻

氯仿在让患者昏睡过去时很好用，但有的时候一个手术只需要局部麻醉，患者不必要完全陷入昏迷状态。

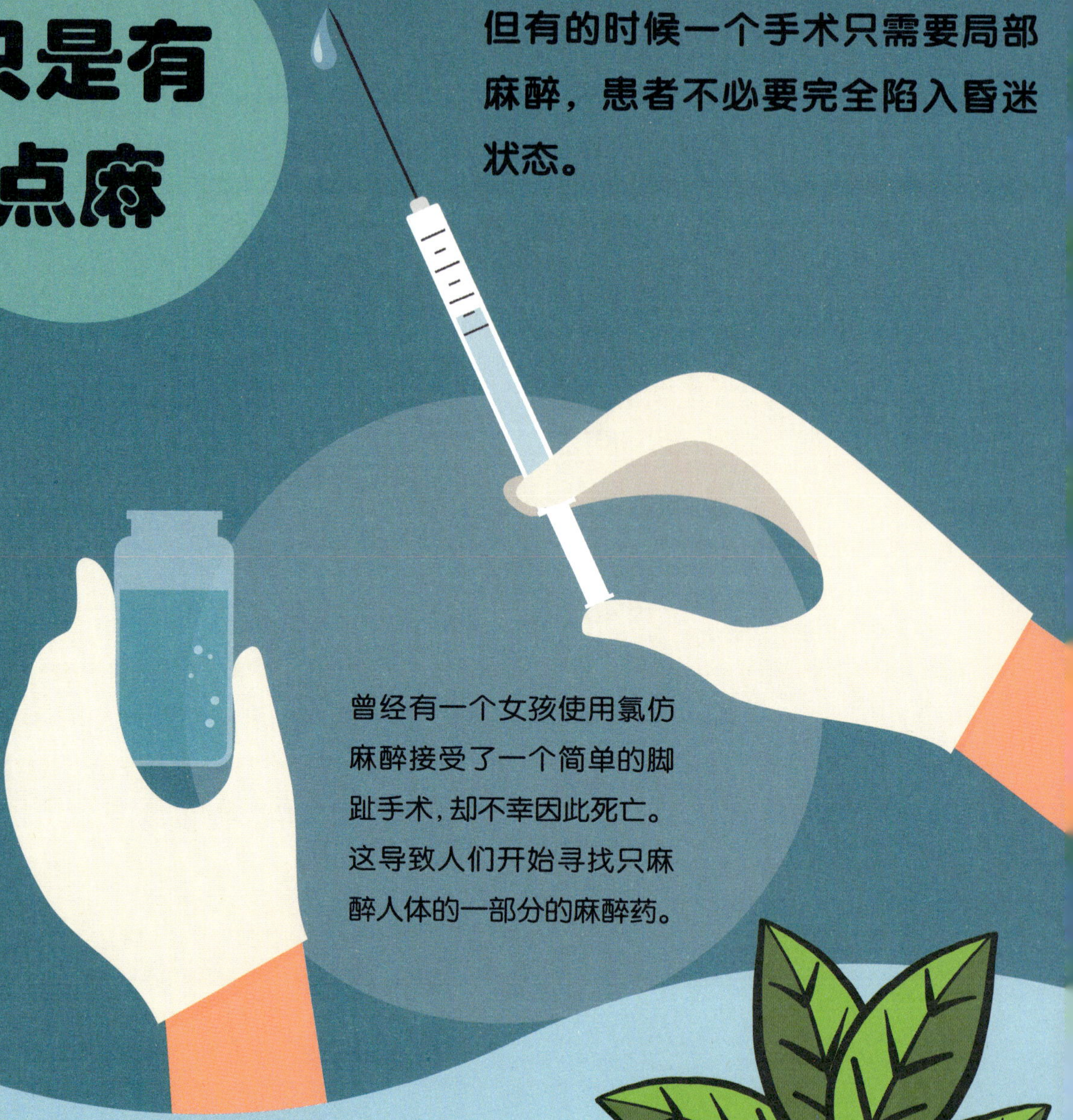

曾经有一个女孩使用氯仿麻醉接受了一个简单的脚趾手术，却不幸因此死亡。这导致人们开始寻找只麻醉人体的一部分的麻醉药。

最早的局部麻醉药是可卡因，在 1884 年的德国作为药物使用。古时候秘鲁的印加人使用古柯树的叶子（含一定可卡因）已经有好几个世纪的历史了。因为可卡因极易让人上瘾，自 1903 年起人们开始使用更安全的药物代替了它。

只是小擦伤

狄金森女士总是冒冒失失的。1920 年，她的丈夫厄尔·狄金森想出了一个主意：在自己夫人受伤前就准备好包扎用品。

他当时在强生医药公司工作，公司里有供应充足的手术胶带与纱布。他剪下一小块纱布，粘在手术胶带上，给自己的夫人在受伤时简单包扎使用。

狄金森的雇主很快就把他的好点子变成了一个商业化的产品。最早的创可贴在 1924 年的美国发售。

由于各种原因，失去四肢的人很多时候会佩戴一种假的肢体，叫作假肢。最早的假肢是一个古埃及的木质脚趾。

把你最好的脚趾伸出来吧

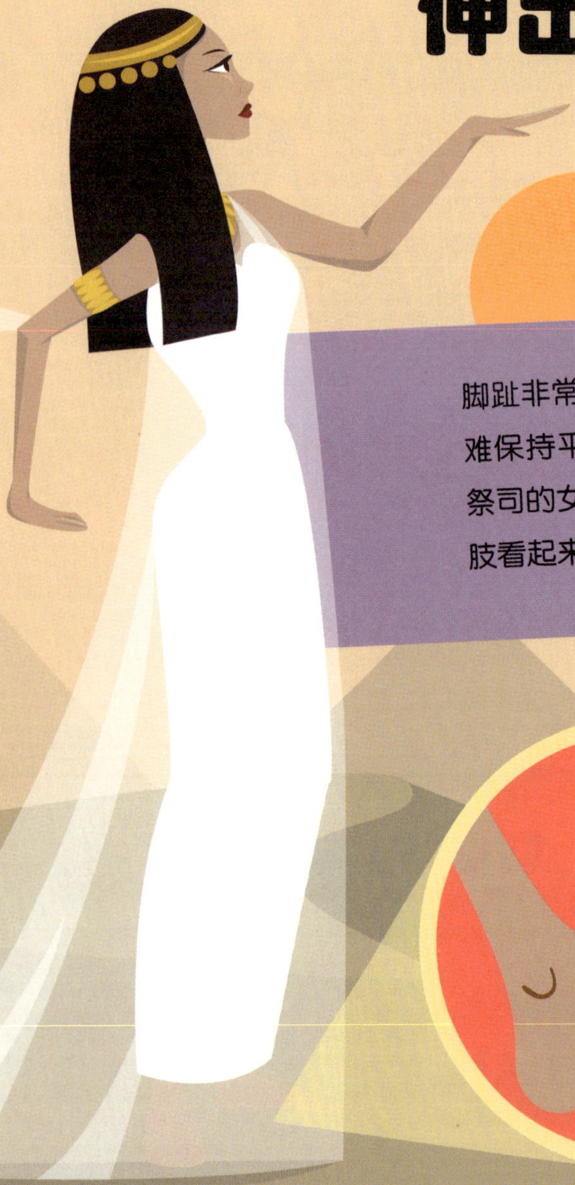

脚趾非常重要——如果没有的话，走路会很难保持平衡。约 3000 年前，有工匠为一个祭司的女儿制作了一个木质的脚趾。这个假肢看起来很真实，也非常实用。

因为埃及人都穿着露出脚趾的拖鞋，所以看起来真实对她应该非常重要。

让眼睛看得更清楚

最早的眼镜在 13 世纪的意大利由萨尔维诺·达尔马蒂发明制作。他把这项技术告诉了亚历山德罗·德拉·斯宾纳，一名意大利修士，而这位修士转而告诉了所有人，并且假装自己是真正的发明者。

最早的眼镜用骨头或金属做镜框，并用石英（一种透明的石头）做镜片。它是凸透镜（中间向外凸的镜片），可以帮助远视的人看得更清楚。

凸透镜

凹透镜

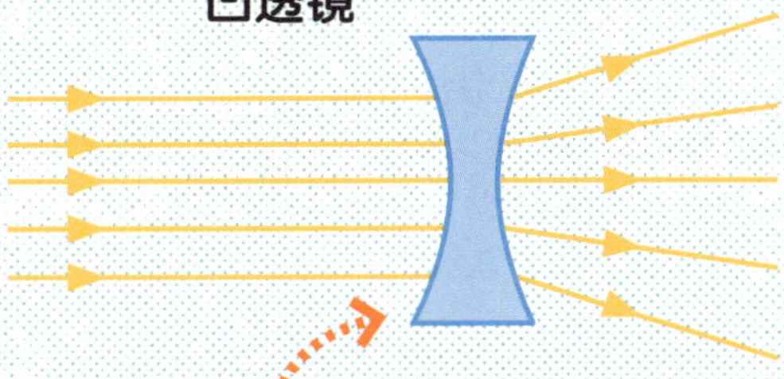

1451 年，库萨的尼古拉斯，一个德国玻璃匠，制作了凹透镜（中间凹进去的镜片）来帮助近视的人看得更清楚。

最早的眼镜需要手扶着，英国配镜师爱德华·斯卡利特在 1727 年给眼镜加上了能钩住耳朵的支架。

放进眼睛里

英国物理学家托马斯·杨在 1801 年尝试发明隐形眼镜。不过他的发明应该非常令人不舒服。他的发明是一个长约 6 毫米的玻璃管，里面装满了水。他把这个眼镜用蜡粘在了自己的眼球上。不出意外，他的隐形眼镜戴了比没戴还差。

阿道夫·菲克在 1888 年制作出了相对更好的隐形眼镜，但它们依然非常难用。它们会覆盖整个眼球，材质是沉重的玻璃。佩戴的人几个小时后就会因为严重的疼痛感而被迫摘下。

最早的塑料镜片出现在 20 世纪 30 年代，但它们也覆盖了整个眼球。在 1948 年，凯文·陶西一不小心弄坏了一个镜片，不过他发现坏掉的镜片依然能正常使用。

温度计最早是为了测量气温发明的。

有点发烧？

给病人测体温能帮医生了解病人出了什么问题。

第一个给病人使用温度计的是 19 世纪 60 年代的赫尔曼·布尔哈夫。那时给病人测体温要花很长时间——大概 20 分钟——而且当时的温度计有将近 30 厘米长！（这个温度计要夹在患者腋下使用）。

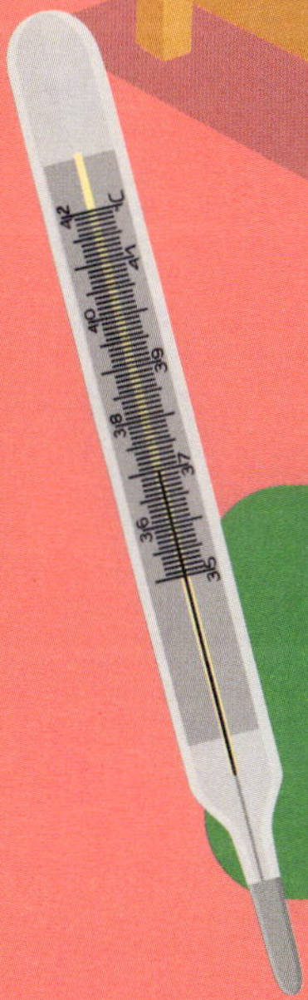

最早的放在耳朵里测量的温度计发明于1964年。

托马斯·阿尔巴特在 1866 年发明了一个测量时间更短的医用温度计。这个温度计只需要五分钟就可以测量出患者体温。

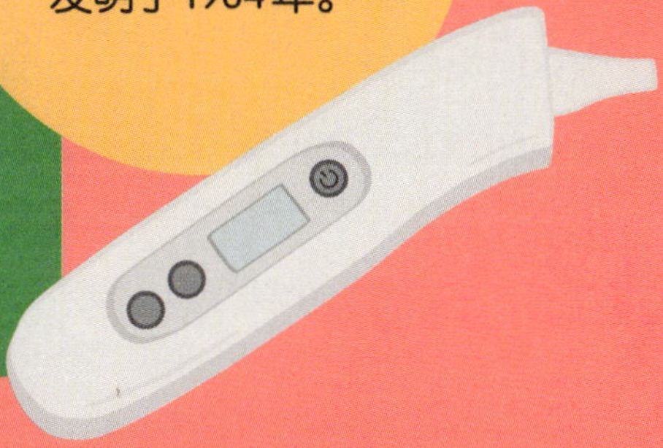

及时处理

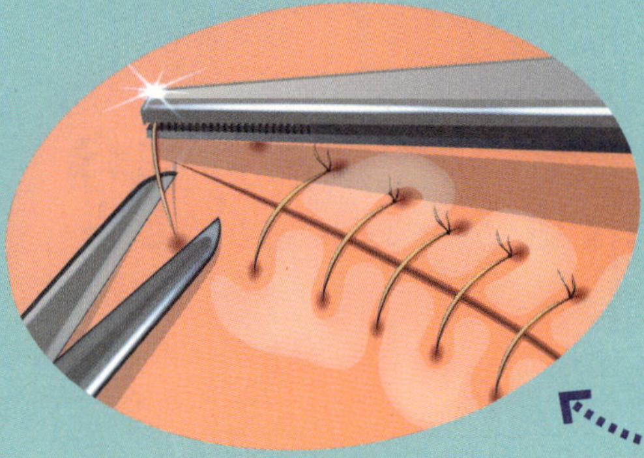

人们通常使用缝合的方法来处理较大的割伤或创口，这样能帮助伤口更快愈合。

五千年前的古埃及人就已经开始用缝合的方法处理伤口了。他们当时使用的是植物材料，比如棉花或麻类植物，或者动物组织，比如羊肠线。

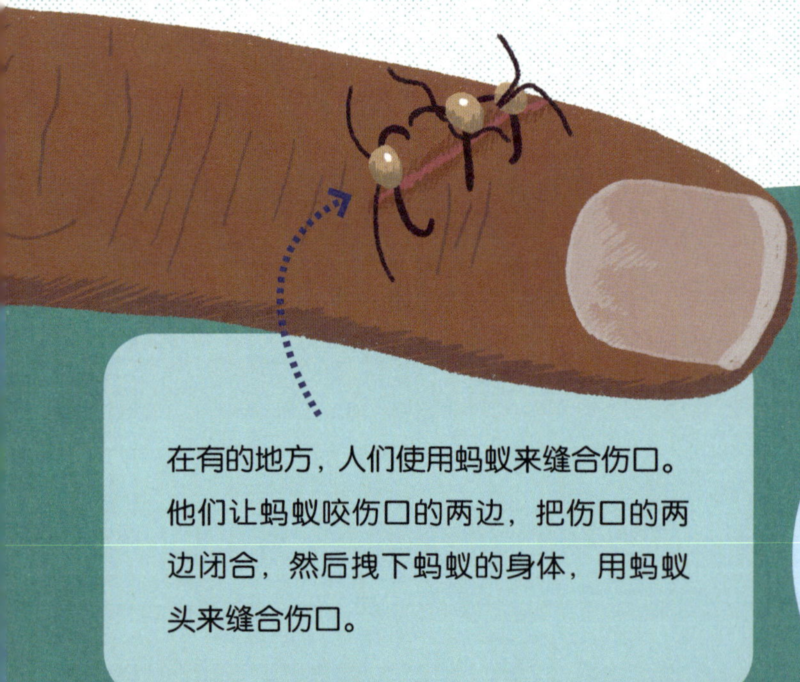

在有的地方，人们使用蚂蚁来缝合伤口。他们让蚂蚁咬伤口的两边，把伤口的两边闭合，然后拽下蚂蚁的身体，用蚂蚁头来缝合伤口。

19 世纪 60 年代前的人们从来不消毒缝合用的材料，所以这些不干净的材料很可能给病人的身体带去了大量的病原体。

一滴血

如果人们在一场事故里失去了太多的血，他们可能需要输血，也就是使用其他人的血。

1655 年，英国医生理查德·洛尔成功将一条狗的血输给了另一条狗。1667 年后，人们尝试把动物血输给人类使用，但是人们很快发现这样会让人生病，因此禁止了这种行为。最早的成功的人体输血由美国医生菲利普·辛·菲齐克于 1795 年完成。

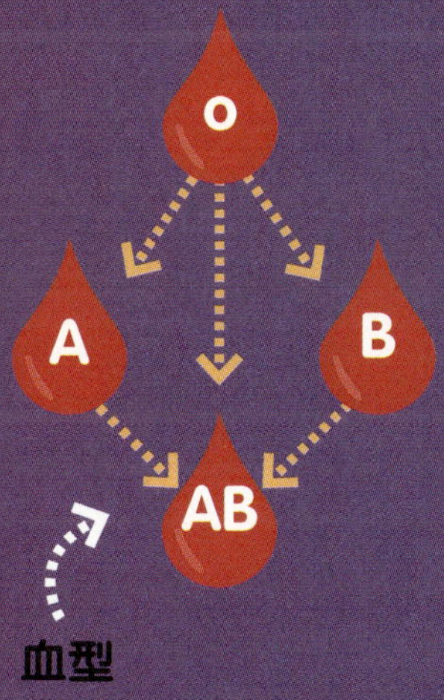

有的时候输血非常成功，但有的时候却会非常糟糕。1900 年时，人们发现人类血液有不同的类型，随后在 1907 年，人们发现血型相匹配才能输血。输血从此以后才变得安全。

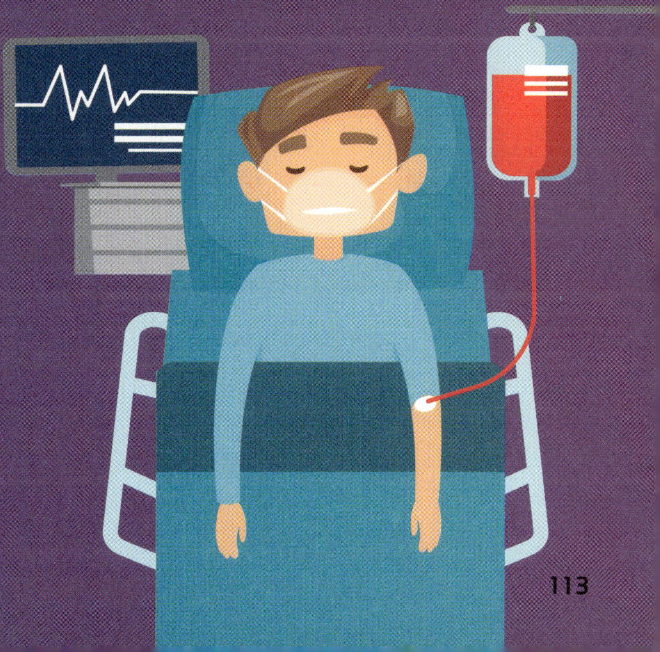

帮助呼吸

现在，许多人都依赖哮喘吸入器维持正常呼吸。

最早的吸入器由英国的约翰·穆吉在 1778 年发明。他的发明是一个改装的金属杯子，人们通过它来吸入药物以便治疗咳嗽。

现代吸入器于 1955 年由美国医生乔治·麦森发明。他的女儿患有哮喘，总是无法吸入足够的药物来治疗。他发现如果用压力将药物送入患者的肺部将会让女儿——以及成千上万的其他哮喘病人——的生活更方便。

嘎嘣嘎嘣

假牙已经有约 2700 年历史了，不过最早的放入患者嘴巴里的假牙并不是假的——而是真的牙齿。这个牙齿有的时候是动物牙齿，有的时候是死人的牙齿，而有的时候甚至是患者本人原来的牙齿，依靠钢丝绑在嘴巴里。

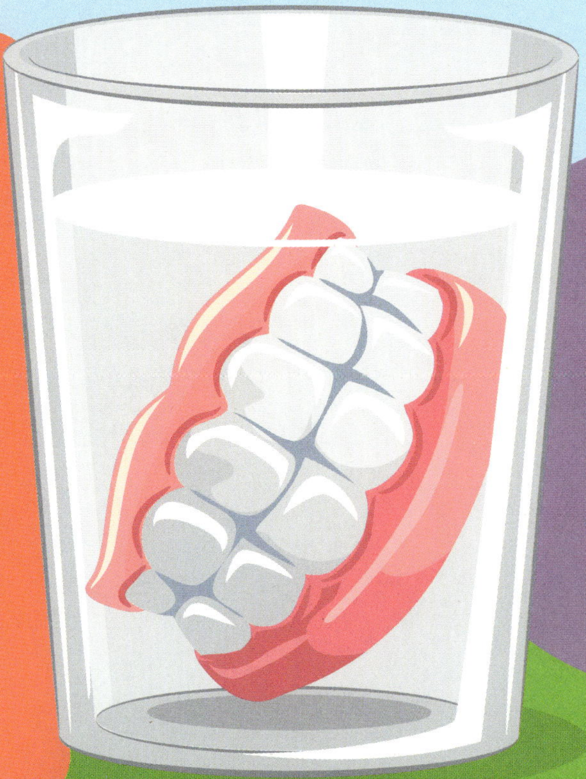

最早的“真正的”假牙发明于16世纪的日本。这些假牙由木头雕刻而成，并用蜂蜡安装在患者的嘴巴里。

后来，日本牙医——以及其他地方的牙医——通过雕刻骨头以及用人类和动物的牙齿来做假牙。美国总统乔治·华盛顿有一套河马牙做的假牙和一套象牙假牙。最早的陶瓷假牙发明于 1770 年。

乔治·华盛顿

关于药

阿司匹林是世界上使用最广泛的药物之一。它的主要成分——水杨酸，在 1829 年被提取出来。

柳树

柳树会分泌天然水杨酸。约 4000 年前人们就拿柳树皮作为治病的药使用了。

扑热息痛最早在 1878 年诞生，但是包含这种成分的药物在 20 世纪 50 年代才大量出现。

布洛芬诞生于 1961 年，并在 1969 年作为止痛药发售。

人们用来治疗心脏病的他汀类药物发明于 1978 年。

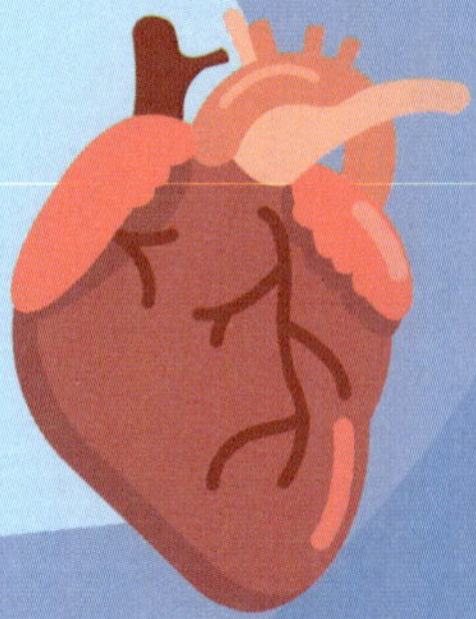

用来预防麻疹、腮腺炎和风疹的麻腮风三联疫苗在 1971 年发明。

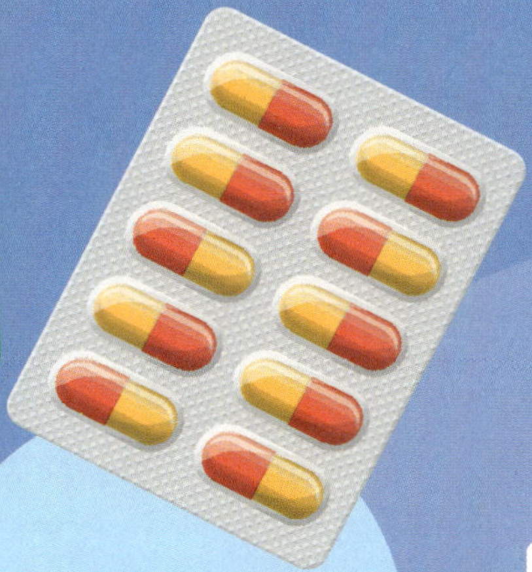

盘尼西林，最早的抗生素，从 1942 年开始投入使用。

最早的维生素 C 片发明于 1934 年的瑞士，能给患者提供维生素 C。

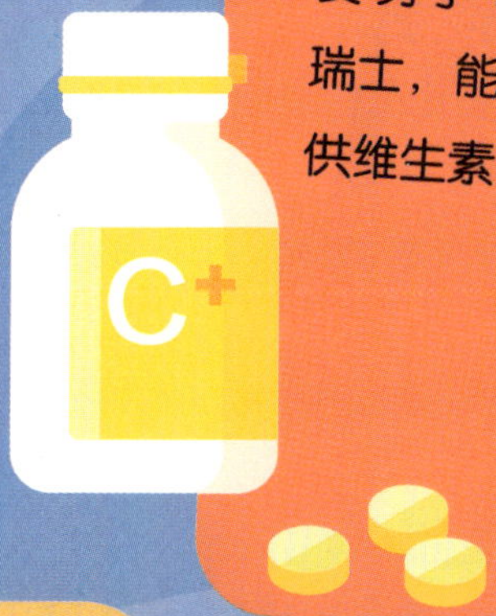

哮喘气雾剂发明于 1969 年。

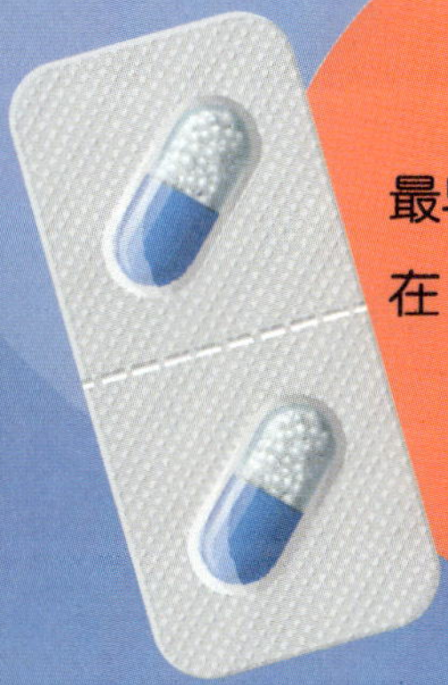

最早的抗组胺防过敏药在 1942 年发售。

小孩专用的退烧药 Calpol 于 1966 年发售。

侧耳倾听

“助听筒”是一种能“捕捉”声音到耳朵里的工具。它两端的开口之间存在大小差距，让人能更清楚地听到四周的声音。13 世纪时出现了最早的助听筒，是一些被掏空的动物角，18 世纪之后出现了人造材料的助听筒。

事实上，助听筒并不能显著地放大声音。第一个能真正放大声音的工具是1902 年发明的助听器，采用了和电话一样的原理。

最早的助听器又大又笨重，也不方便携带。最早可以穿戴的助听器随着晶体管（见第 76 页）的出现而出现，在 1952 年被发明出来。

听力线圈

你有可能听说过——或使用过——一些建筑里有帮助听障人士的“听力线圈（hearing loop）”。

麦克风或者其他诸如电视机的发声装置会被连接到一个增强器上，随后声音信号会被放大，并传到房间墙壁里的线圈里。使用者的助听器会收到线圈发出的信号，并且把这个信号转变成声音。

这套听力线圈系统在 1937 年由英国的约瑟夫·波利亚科夫发明。使用这套系统的助听器于一年后出现。

听一听你的心跳声

医生或护士使用听诊器来听患者身体里的声音，比如心跳声或呼吸声。

法国医生何内·雷内克在 1816 年发明了听诊器。他的听诊器与现在的相比简单得多，是一个简单的圆筒。他把圆筒的一端贴在患者身上，另一端贴着他的耳朵。他发明听诊器的原因是他不愿意把自己的耳朵靠在女性患者的胸部上①。

1840 年，戈尔丁·博德发明了一个拥有可弯折软管的听诊器。1851 年，爱尔兰医生阿瑟·利雷给听诊器添加了两个戴在耳朵上的耳塞。我们熟悉的听诊器在一年后发售。

① 编者注：在此之前医生一般将耳朵直接贴在患者的胸膛或后背来探听内部脏器的情况。

通过磁力透视身体

你知道医生能通过磁力看到你的身体里面吗?

核磁共振现象在 1946 年就已经被人们发现，但直到 1971 年才被用在机器上。正常的身体组织以及癌变的肿瘤暴露在强磁场下会有轻微变化，在慢慢返回原来的样子时，不同的组织会有不同的速率。通过探查身体里的组织在磁场下呈现的状态，医生可以确定正常组织的位置以及不正常、癌变组织的位置。

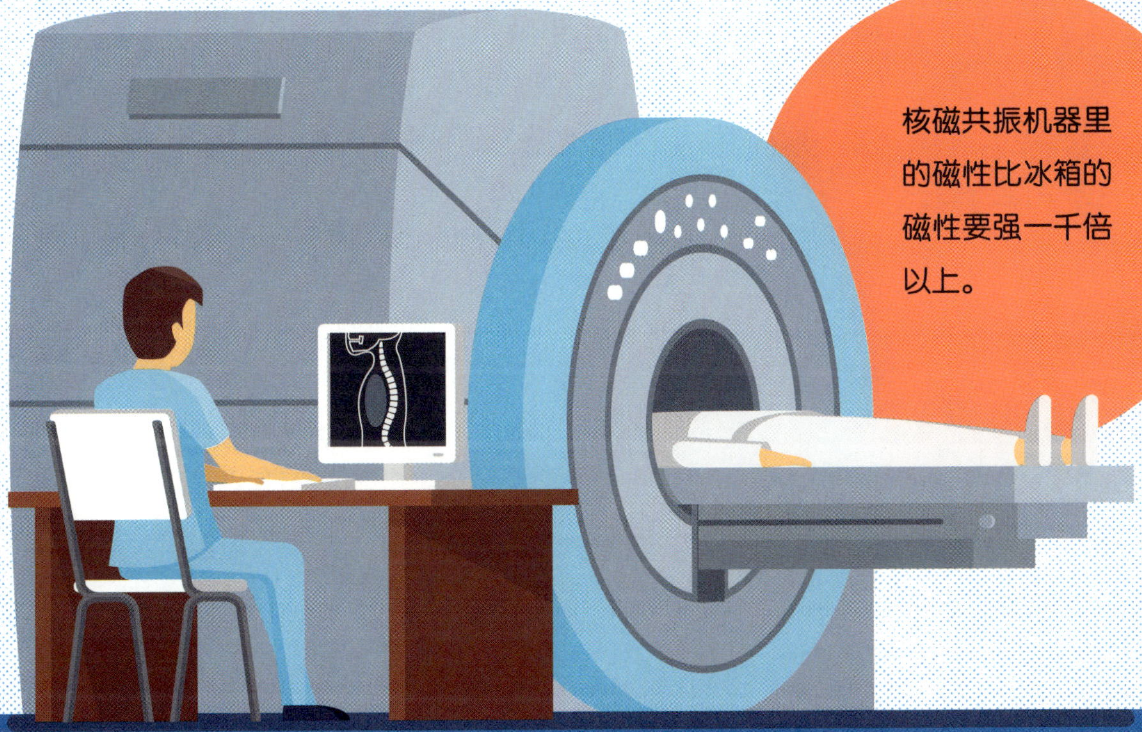

核磁共振机器里的磁性比冰箱的磁性要强一千倍以上。

核磁共振技术在癌症检测方面起了很大的作用。

X 光透视

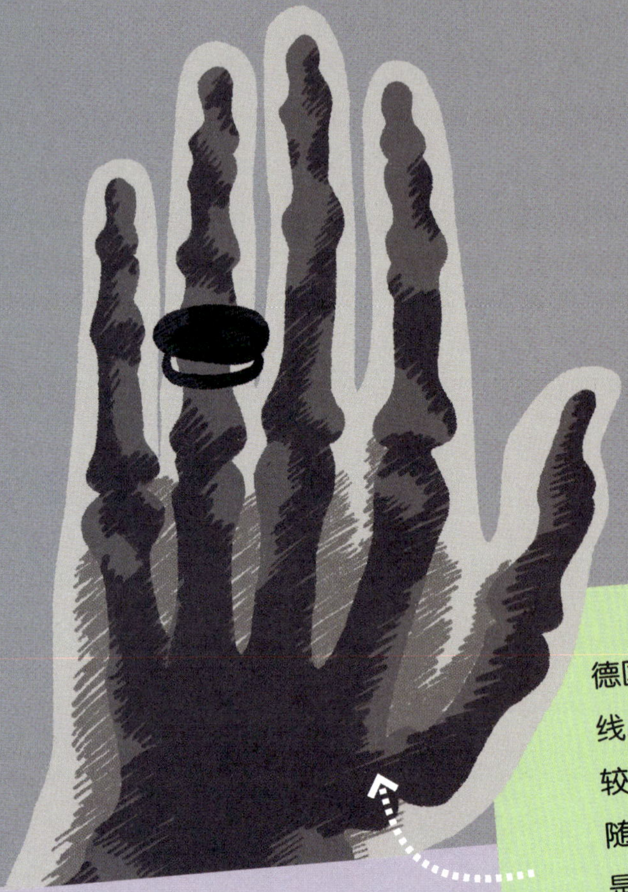

如果你曾骨折过的话，那你很有可能拍过 X 光片。

德国化学家威廉·伦琴在 1895 年发现了 X 射线。他发现 X 射线可以穿过很多软物体，比较坚硬的物体因不能被穿透会留下影子。他随后拍摄了世界上第一张医学 X 光片，拍的是他夫人的手，戴着婚戒。

在此之后不到一个月内，人们便开始使用 X 光来观察人身体里的样子。很快这项技术就被用在战场上，来找出受伤士兵身体里的子弹碎片。

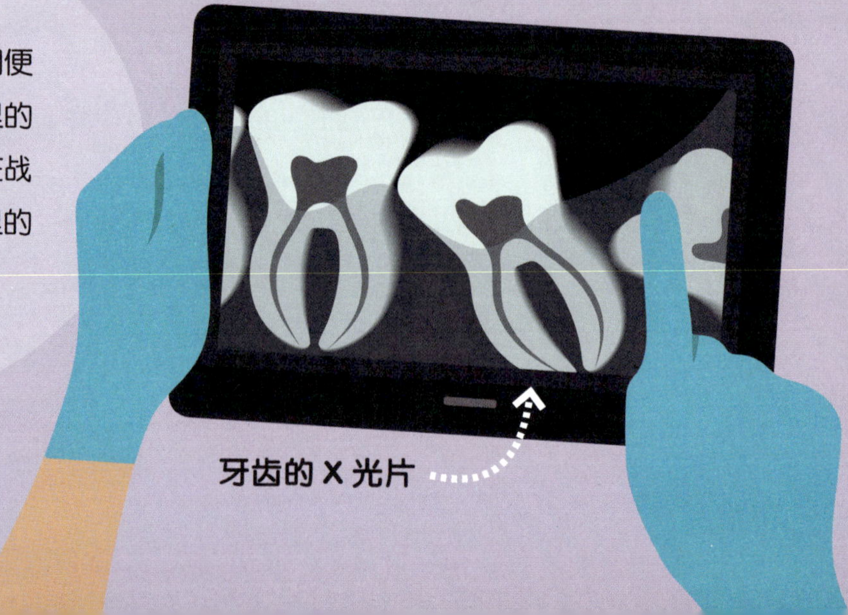

牙齿的 X 光片

用声音“透视”

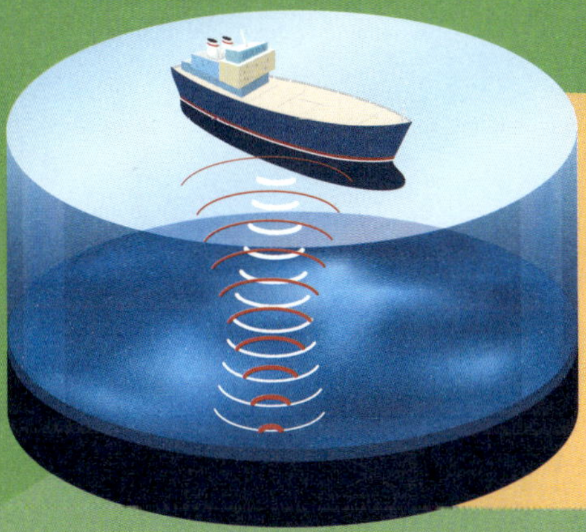

声呐通过发送高频声音，并根据返回的回声来画出所探测物体的外形。这项技术可以用来画出海底的地形，也可以用来探查人的身体内部。

超声检查最早在 1956 年的苏格兰投入使用，不过直到 20 世纪 70 年代后才大规模普及。这项技术常被用来检查妈妈肚子里的宝宝是否正常发育。在超声检查出现前，人们只能祈祷自己的宝宝正常发育，并耐心等待孩子出生。

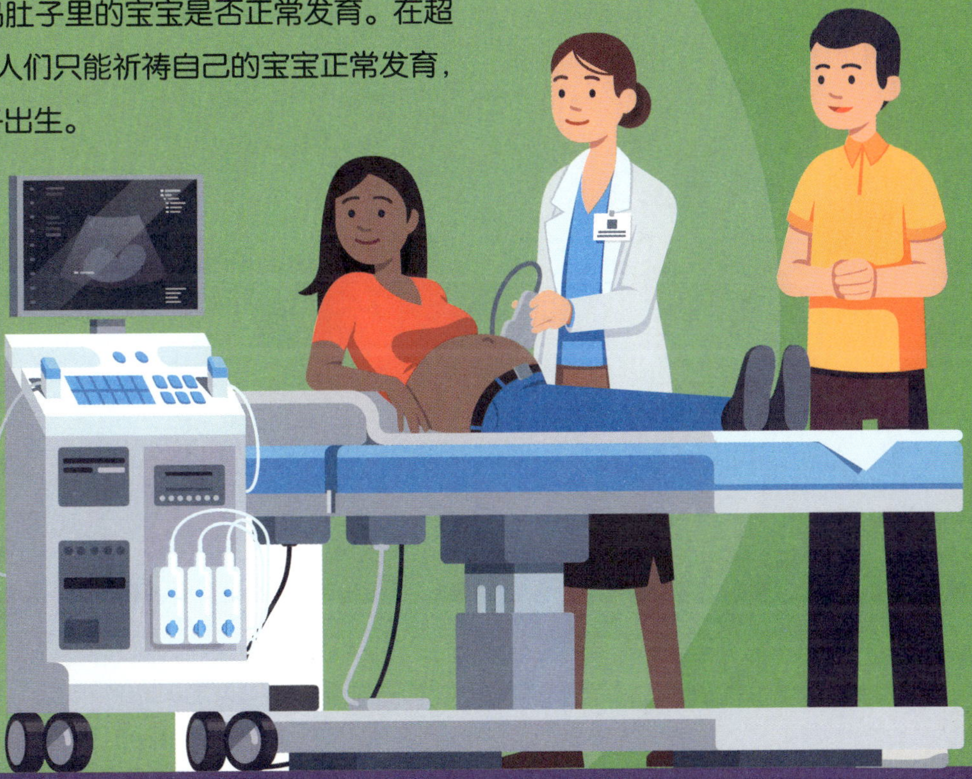

用管子“透视”

如果医生想要检查你的胃部，他们可以使用内窥镜——一种末端装有相机的柔软长管。

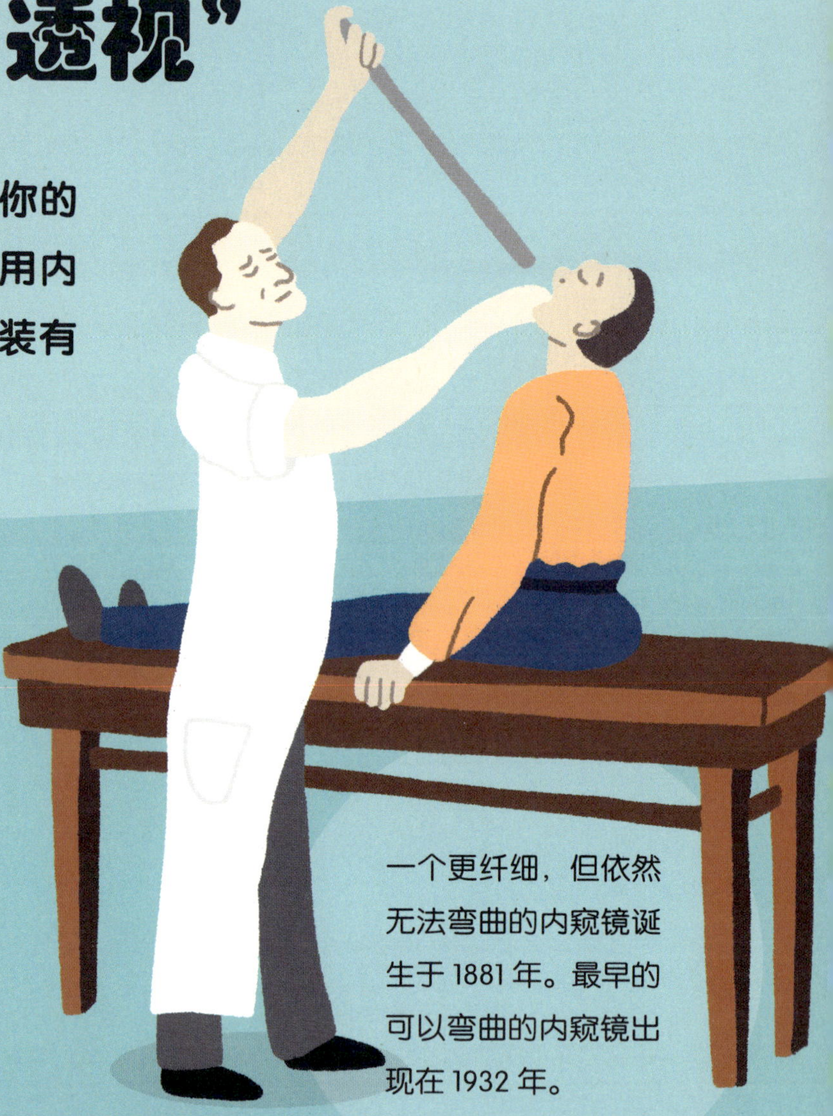

阿道夫·库斯毛尔在 1868 年于德国发明了最早的内窥镜。他请一位能够吞下 47 厘米长，1.3 厘米宽硬管的吞剑表演者测试了这项技术。然而并不可能每一个患者都是吞剑大师，所以当时这项技术并没有普及。

一个更纤细，但依然无法弯曲的内窥镜诞生于 1881 年。最早的可以弯曲的内窥镜出现在 1932 年。

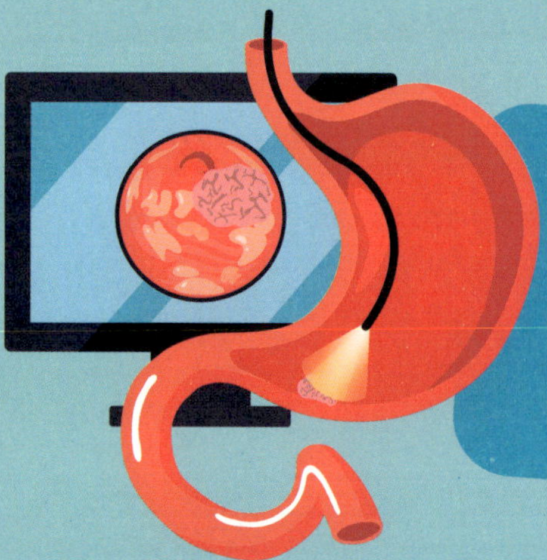

真正的突破发生在 1964 年。那一年人们发现了一种新的材料——光导纤维（极细的玻璃丝）。内窥镜里的光导纤维以及末端的相机让医生能够看到并且拍下患者身体里面的样子。

微创手术

身上被切开一个巨大的口子对患者来说并不是什么好事，而且当事人需要花好长时间才能恢复。所以，现在很多的手术是“微创手术”。医生会在患者身体上切开若干很小的口，放入一个内窥镜，并通过切开的口使用小型手术器械来做手术。

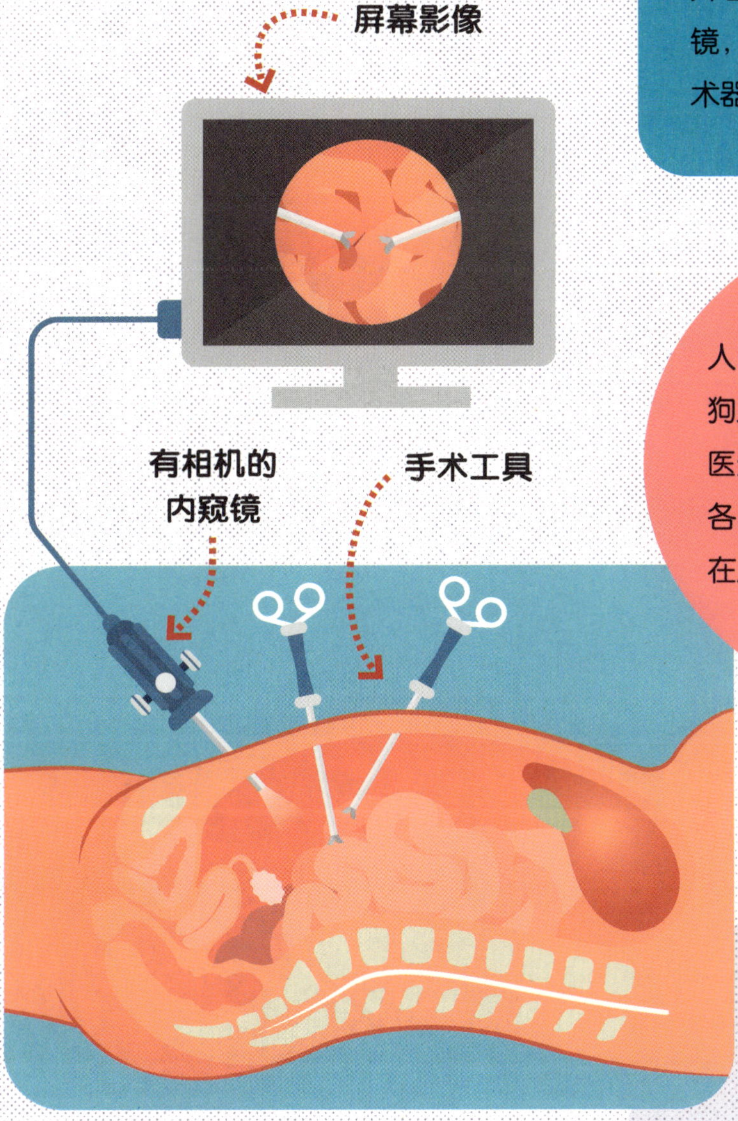

人们最早于 1901 年在一条狗上尝试了微创手术。瑞典医生汉斯·克里斯蒂安·雅各布乌斯于 1910 年第一次在人身上完成了微创手术。

20 世纪 70 年代，计算机电视摄像机出现了。这些设备可以把患者体内的情况放映在大屏幕上，让微创手术变得更为简单，并且得到更广泛的运用。

心跳之外

起搏器帮助心跳不规律的人保持正常的心跳频率。起搏器的工作原理是通过电信号刺激心肌收缩（也就是心跳声音的来源）。

一名澳大利亚医生在 1926 年制作了一个需要插入插座使用的很原始的起搏器。1928 年，这个设备救活了一个出生时没有心跳的新生儿。不过后来研究被迫暂停，因为大家很害怕这项“复活死人”的技术。

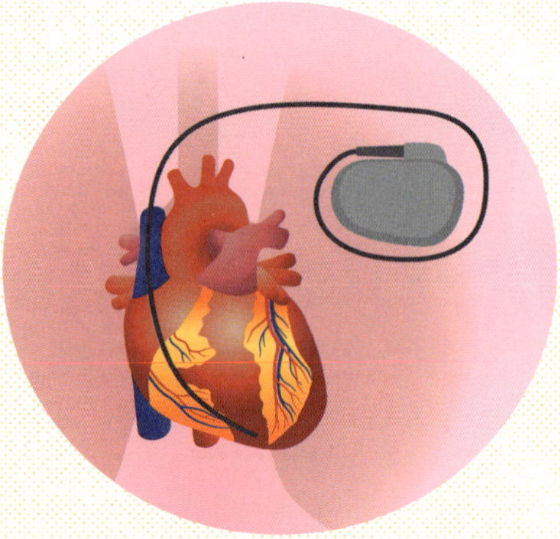

现代起搏器

1958 年最早的可穿戴起搏器

虽然一个哥伦比亚的组织在 20 世纪 50 年代发明了一个用汽车电池驱动的起搏器，但这个起搏器依然太过笨重，无法随身携带。最早的可穿戴起搏器出现于 1958 年的美国。现代起搏器可以放入胸腔里，单看外观无法发现一个人有没有佩戴起搏器。

天花，牛痘，还是不长痘？

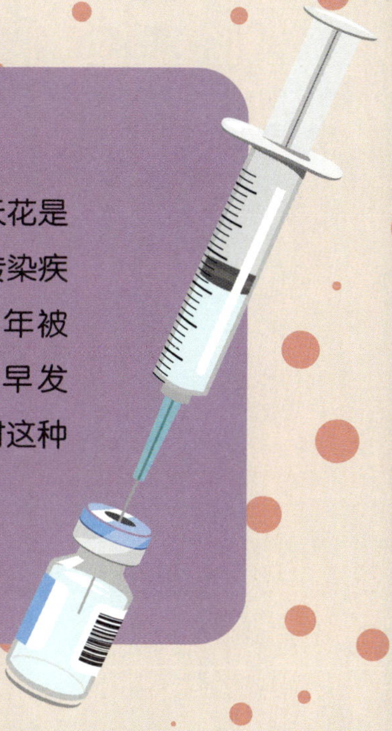

在疫苗出现以前，天花是一种死亡率很高的传染疾病，不过它在 1979 年被完全消灭。人类最早发明疫苗就是为了对付这种疾病。

约 1000 年前的中国，人们把天花病人的痘上结的痂磨碎，并把这个粉末吹到健康人的鼻子里。这些人大多会出现轻微的天花症状，但随后的一生中都会对这种疾病免疫。

英国医生爱德华·詹纳使疫苗接种过程更加安全，并于 1796 年进行了首次疫苗接种。他发现得了牛痘的人不会感染天花。而牛痘是一种症状很轻微的疾病，不会致死。詹纳用挤奶工身上的牛痘制作出了世界上最早的疫苗。

小帮手（也有“小帮脚”）

最早的假腿出土于意大利。这个假肢的材料是铜和铁，制作于约 2300 年前。

一名古罗马作家记录了约 2200 年前失去一条手臂的一位罗马将军——他佩戴了一条可以拿住盾牌的金属假臂。

16 世纪，法国医生安布鲁瓦兹·帕雷做了一个铰链机械胳膊，以及一条膝盖部分有卡扣的假腿。

1812 年，一种通过另一边肩膀操控的假肢被发明了出来，依靠连接的绑带驱动。

塞缪尔·戴克在战争中两条胳膊都受到了损伤，他因此设计了一种特殊的假肢，让自己能够完成诸如拿起勺子的动作。

由于第二次世界大战中有大量的人受伤，1946 年，人们设计了一种吸盘用来连接假腿。
1960 年，苏联科学家亚历山大·科布林斯基发明了世界上最早的肌电控制假肢。患者肌肉里的电信号被电极捕捉，从而控制假肢的运动。
1984 年，工程师范·飞利浦发明了一种跑步用的假肢。它们并不像人的腿。
2018 年，一个失去胳膊的人第一个用上了由大脑控制的假肢。

切开伤口——放心，很安全

19 世纪中叶以前，手术是非常危险与疼痛的。在使用乙醚后，手术不再那么疼痛了，但还是非常危险。很多患者由于感染而死亡。

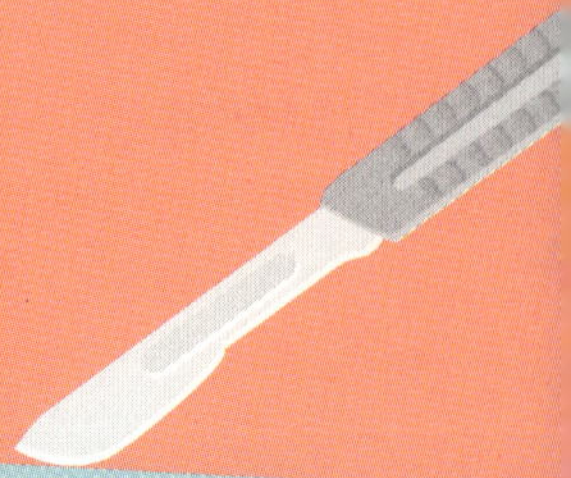

1865 年，苏格兰医生约瑟夫·莱斯特开始在他的手术室里喷洒石炭酸，大大降低了术后感染率。

石炭酸是一种消毒剂。它能够杀死感染伤口的细菌。莱斯特同样把他使用的包扎用品浸没在石炭酸里，并建议所有手术医生勤洗手，穿干净的衣服。

现在看来或许是天方夜谭，但当时的医生进行手术时并不在乎自己是不是卫生的。

打针一点也不疼
至少比以前舒服多了

皮下注射针于 1844 年由爱尔兰医生弗朗西斯 · 林德发明。

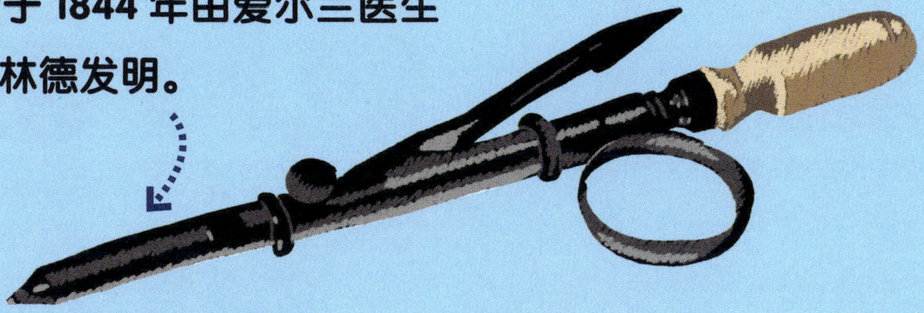

当时的针太粗了，无法穿透皮肤，因此医生需要用刀在皮肤上划开一个口子，插进一根管子，然后通过管子投放药物。听起来真吓人！

最早的能够穿透皮肤的针出现于 1853 年。

注射器很早就已经出现了。古罗马人在约 2000 年前就用注射器注射药物。印第安人发明了一种使用动物骨头打磨成的针头以及小型动物膀胱做成的注射器来进行皮下注射。这在今天看来似乎很不卫生。

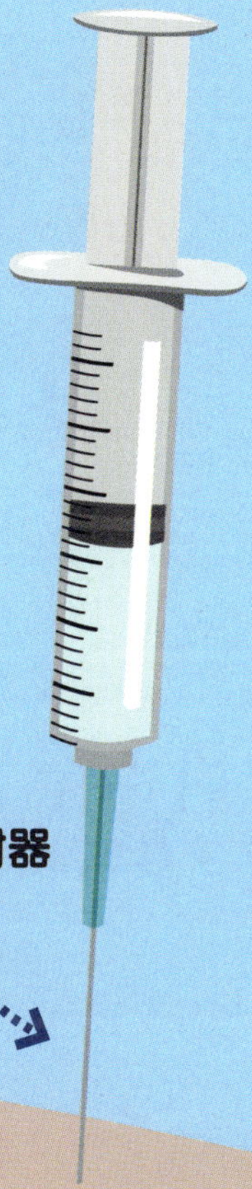

现代注射器

从事故到发明

不喜欢针头？无针注射器把药物以超高的压力注射出去穿透皮肤，这样不需要针头也能注射药物。

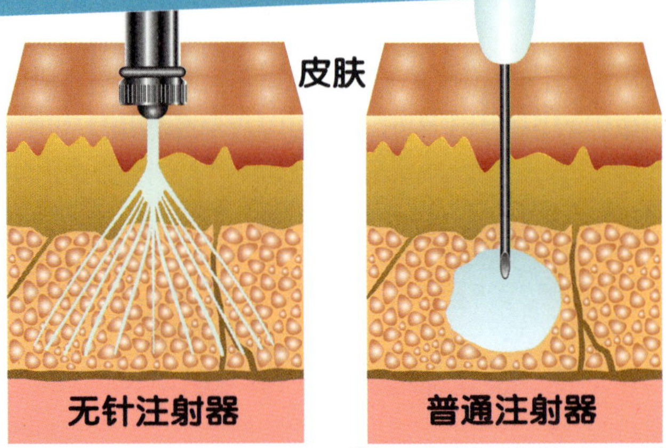

这项发明是由于一类很普通的事故而诞生的。操作喷射式柴油发动机的工程师经常被高压柴油喷射，导致柴油进入他们的身体。很快这类事故就变成了一种输送药品的新方法。最早的无针注射器在 1947 年出现。

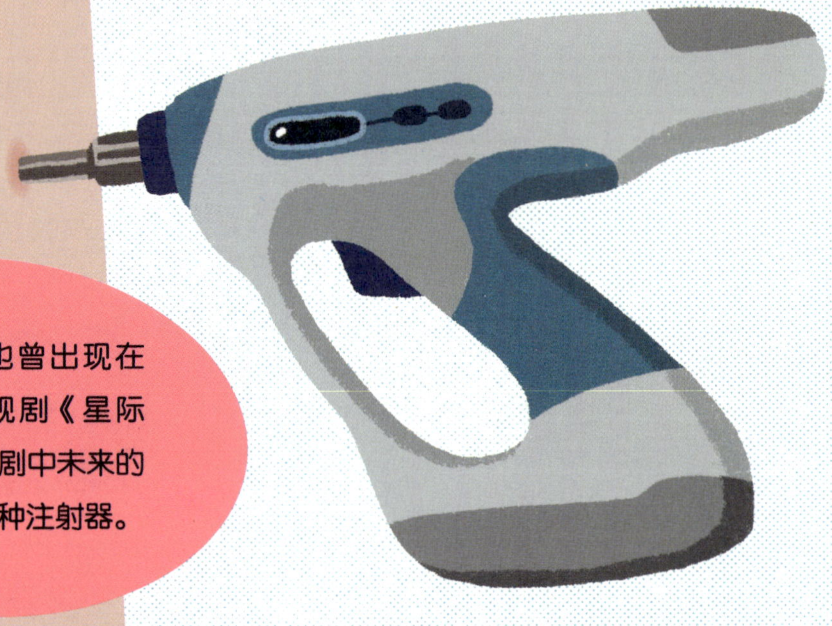

无针注射器也曾出现在 1966 年的电视剧《星际迷航》里，在剧中未来的人大量使用这种注射器。

矫正你的笑容

皮埃尔·费查的金属环牙齿矫正器

我们可能认为牙箍是一种现代发明，但法国牙医皮埃尔·费查在1728年就使用了一个金属环来扩大牙齿的牙弓。但他也不是第一个这样做的人。约2400年前的古埃及人尸体上就出现过使用金属环和动物内脏来固定牙齿的痕迹。

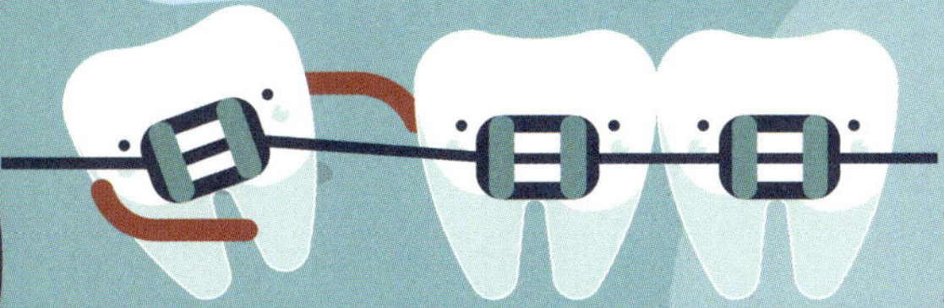

1819年，现代牙箍的设计出现了。梅纳德·塔克在1843年率先将橡胶用于牙科，并在1850年用橡皮管切片制作了口腔橡皮筋。

最早做牙齿正畸的人在进行矫正前已经死了——约2500年前生活在如今的意大利的伊特鲁里亚人用金绳子固定尸体上的牙齿，让它们不掉出来。

没头发的人的头发

假发在几千年前就有了，出现在古埃及或者古亚述。

古埃及的男性和女性都把头发剃光或剃得很短，然后戴上一顶假发来保护他们的头，避免因为暴露在猛烈的阳光下而晒伤。你可能会好奇他们为什么不留长他们自己的头发——其实是为了防止长虱子。

假发上的头发用蜂蜡或树脂固定。这些假发可以用真发制作，也可以用羊毛制作，甚至也可以用植物纤维制作。富有的人和政要戴着奢华的假发。

紧急时刻扎一针

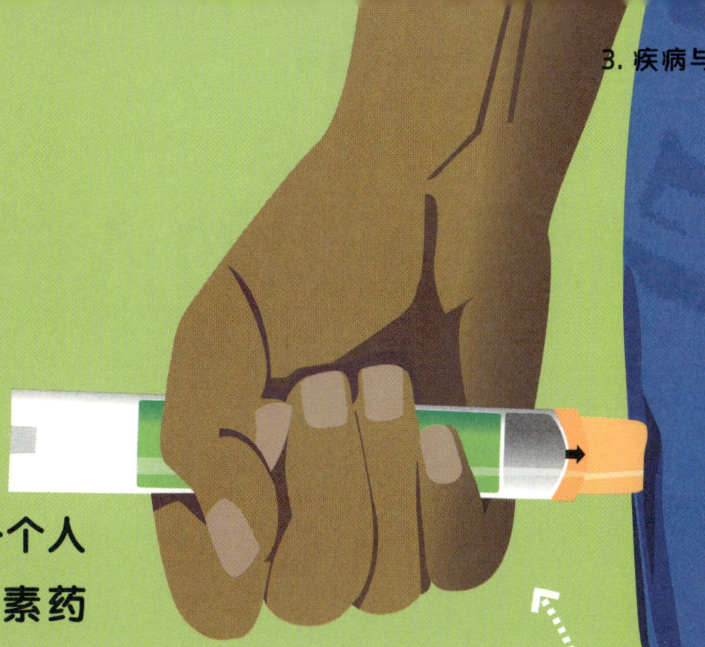

肾上腺素注射笔可以给一个人注射固定剂量的肾上腺素药物，用于防止严重的过敏反应发生。

肾上腺素注射笔发明于 20 世纪 70 年代，并在 1987 年得到使用批准。自动注射器最早用于战争中给士兵自救、互救，如神经性毒气中毒等。

用于防止蜜蜂叮咬后的过敏反应

一般知道自己可能出现严重过敏反应的人会随身携带这种注射笔。他们可以自己完成注射，或者让其他人帮自己完成。这种注射笔是一种带弹簧的注射器。针头会从笔的末端射出，扎入患者的大腿中。

用于防止花生过敏

拯救早产儿

最早用于拯救早产儿的婴儿保温仓由法国医生斯特凡·埃蒂安·塔尼尔发明。他在巴黎动物园看到了孵化鸡蛋用的保温仓，觉得这个设计应该可以用于给婴儿保暖。所以他说服了动物园的园长做了一个婴儿用的保温仓。

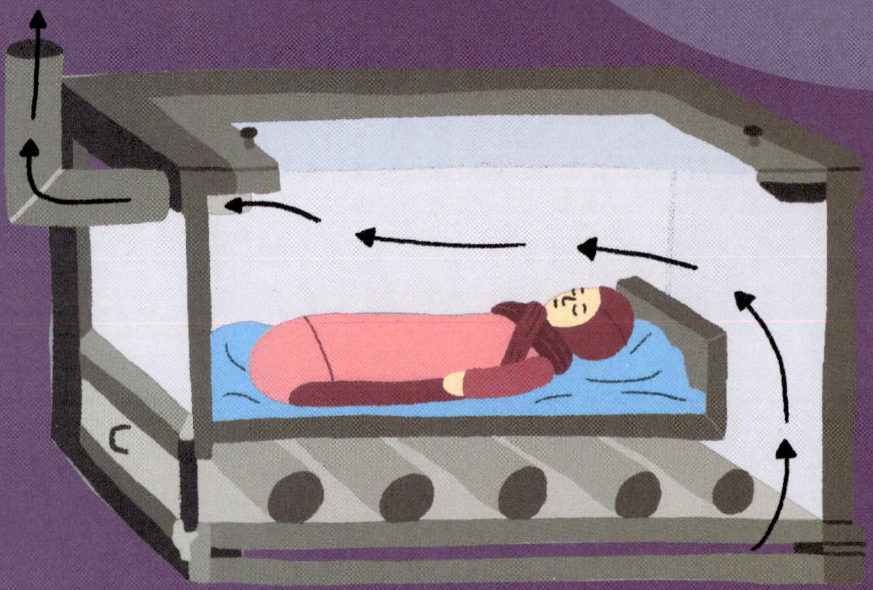

早期保温仓

现代保温仓

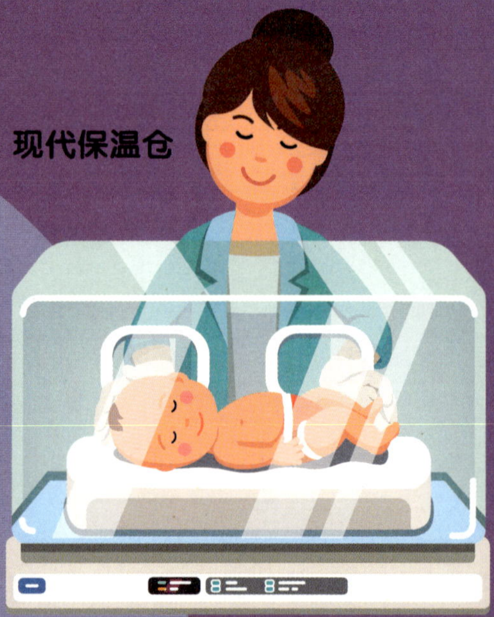

马丁·库尼在 1893 年开始在展会中展示保温仓。人们付 25 美分，便可以看到一个体弱的小婴儿也有生存和成长的可能。这种行为听起来很奇怪，但他在医生对早产儿束手无策的时候依靠挣来的钱雇佣了很多专业的护工，并购买了更多的保温仓以拯救早产儿的生命。

了解你的身体状况

许多可穿戴设备可以检测你的身体状况，并告诉你身体此时正在发生什么。它们可以记录你一天里的步数，有的可以监测你的心跳，而有的可以监测你的睡眠。

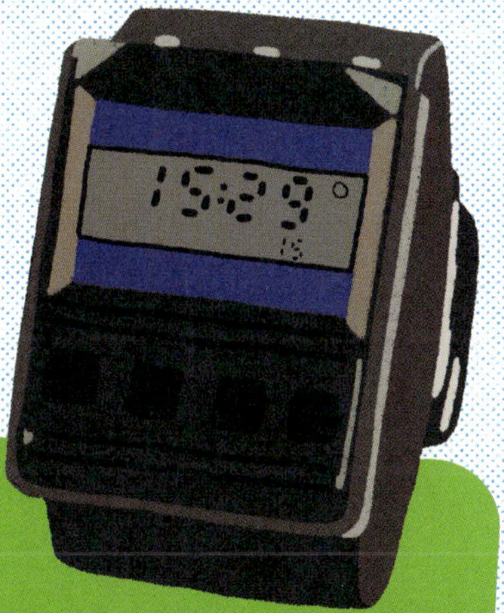

最早的运动手环于 1982 年推出——博能运动心率表（Polar sports tester）需要用胸带固定在身上以监测心率，而数据则会显示在手环上。

有三维运动检测功能的运动手环出现于 2006 年，这种设备能精确地检测佩戴者跑了多远，消耗了多少能量。Fitbit 公司在 2009 年推出了一款可穿戴设备，它可以被固定在衣服上。

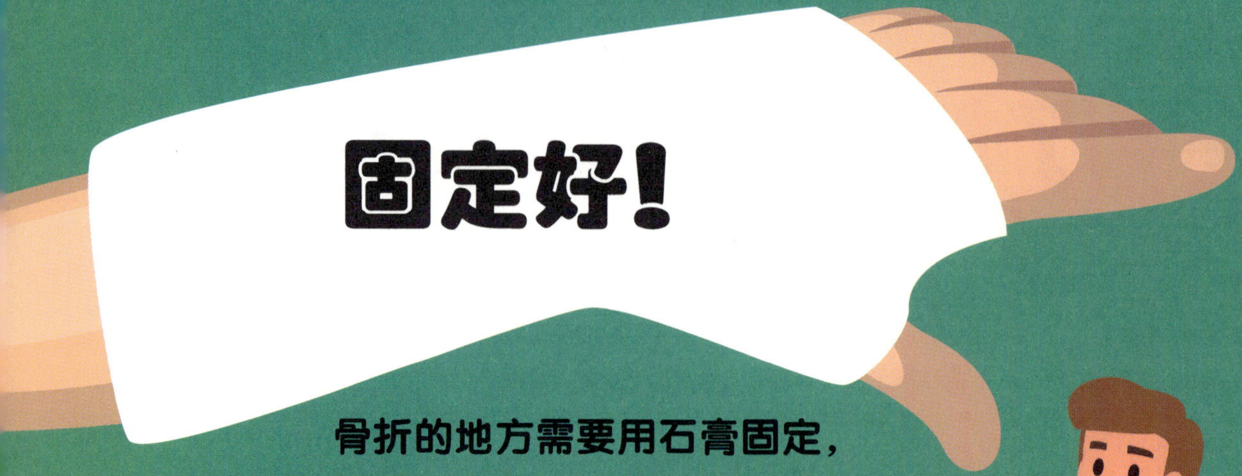

固定好！

骨折的地方需要用石膏固定，这样患者除了骨折部分以外还能自由活动。

很久以前，人们用木棍、竹子或树皮以及涂有蜂蜡、贝壳粉、鸡蛋白、淀粉等的绷带来固定断骨。腿部骨折的患者需要一直卧床，直到他们恢复。

最早的包扎用石膏在 19 世纪 50 年代出现。这种石膏跟水混合后，干燥之后会变得十分坚硬，因此可以固定受伤的地方。荷兰医生安东尼 · 马泰森从 1851 年开始给他的患者使用石膏与绷带包扎，而俄罗斯军医尼古拉 · 皮罗戈夫在 1853 年—1856 年的克里米亚战争中发明了这种绷带。

填补牙齿的洞

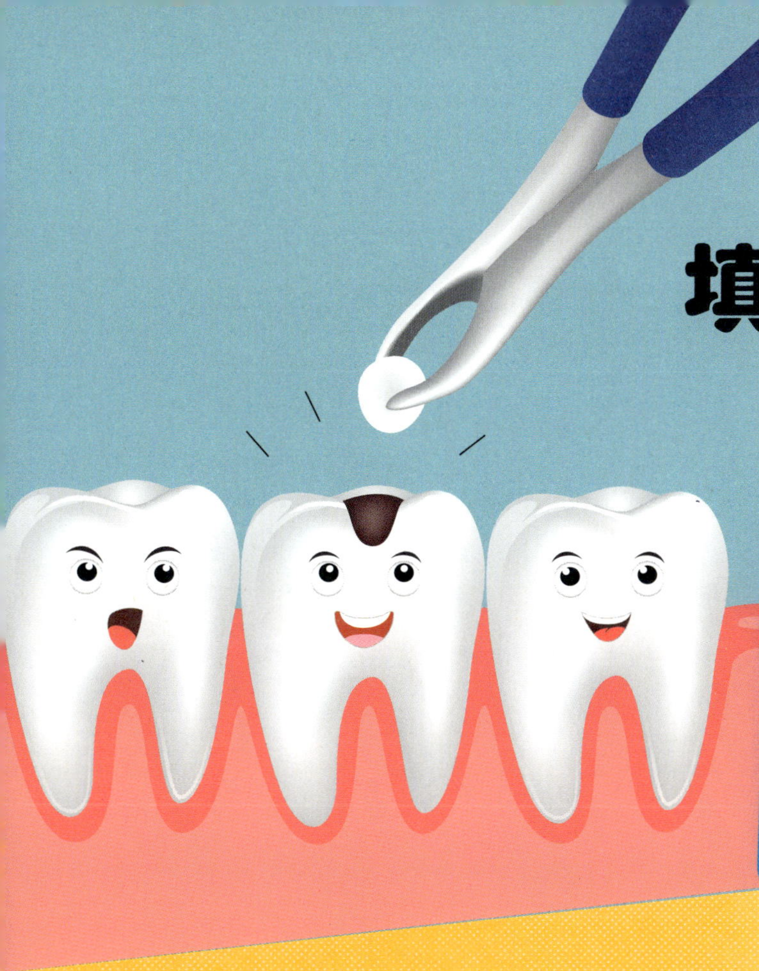

牙齿问题困扰人们已经有数千年的历史了。约 6500 年前的人已经会使用蜂蜡补牙了。补牙时需要小心地填补龋齿的洞。

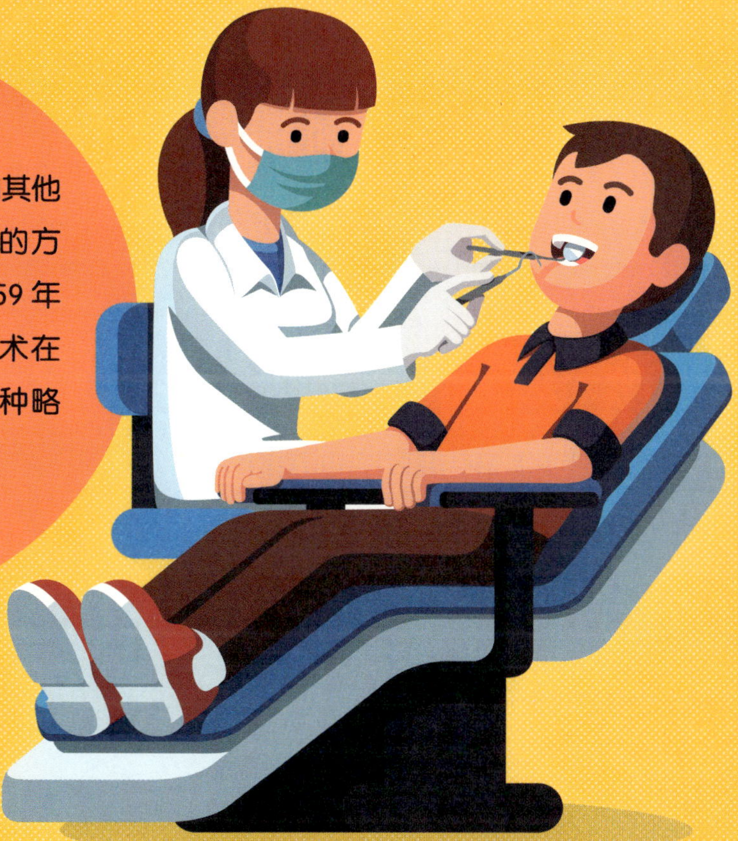

在中国，人们发明了用水银和其他金属制成的合金材料来补牙的方法。这种补牙方法在公元前 659 年的医书里就出现了。这项技术在 1528 年传到了德国，并以一种略微不同的方式延续到今天。

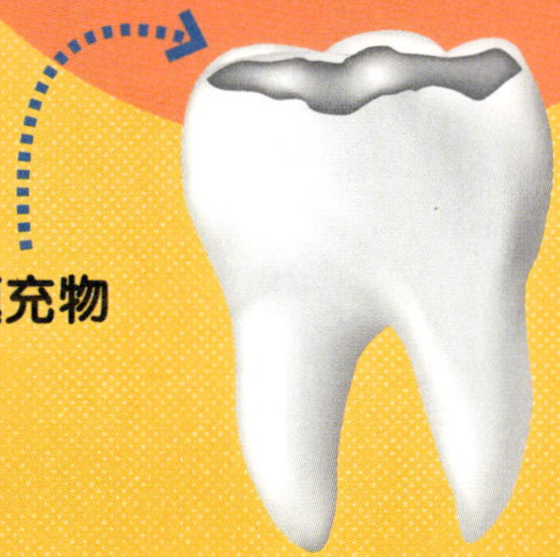

清洁你的牙齿

牙刷最早出现于公元 1500 年左右的中国。这种牙刷使用骨头做把手，并用猪鬃做刷毛。

最早的量产牙刷诞生于 1780 年左右的英格兰。

牙膏发明于约 7000 年前的古埃及。古埃及人在木棍末端涂抹牙膏来刷牙。

用尼龙做刷毛的牙刷诞生于 1938 年。

现代牙膏发明于 19 世纪 50 年代，那时的牙膏被装在一个小罐子里。

管状牙膏出现于 19 世纪 90 年代，由牙膏公司高露洁发明。

包装上配有切割器的牙线诞生于 1882 年的美国。

一本关于牙齿健康的书于 1819 年出版，书里建议人们使用涂有蜡的丝线清洁他们的牙齿——也就是最早的牙线。

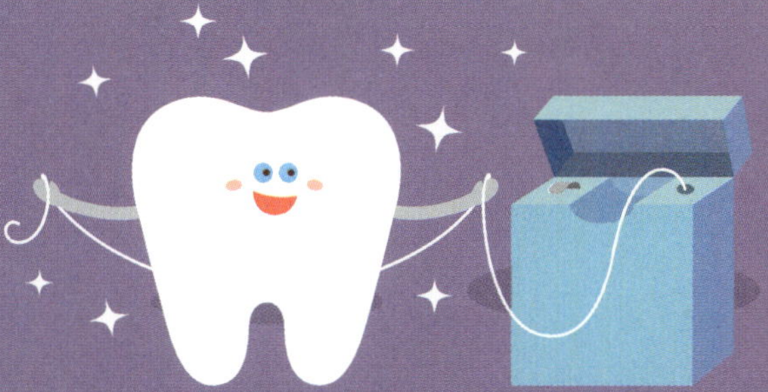

据说古罗马人用尿漱口。最早的现代漱口水由李施德林于 1879 年发明。

电动牙刷由菲力普 · 沃格于 1954 年的瑞士发明。使用这个牙刷时需要把它插入插座里。

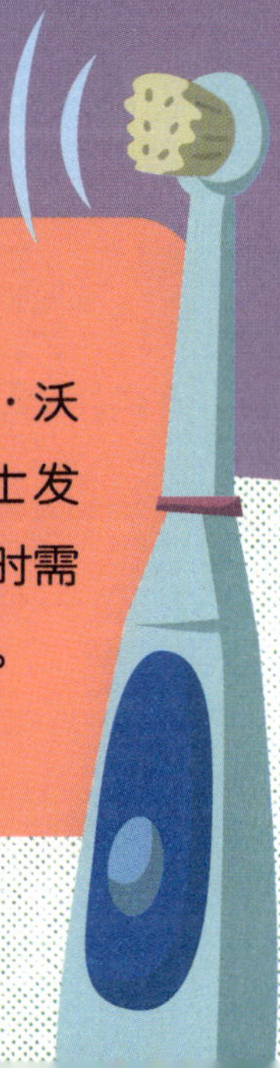

牙齿蛀了？先把洞挖大

牙医不只是在蛀牙的地方塞上填充物，他们首先需要把腐烂的地方移除。现代牙医使用一个高速电钻来完成这个工作。

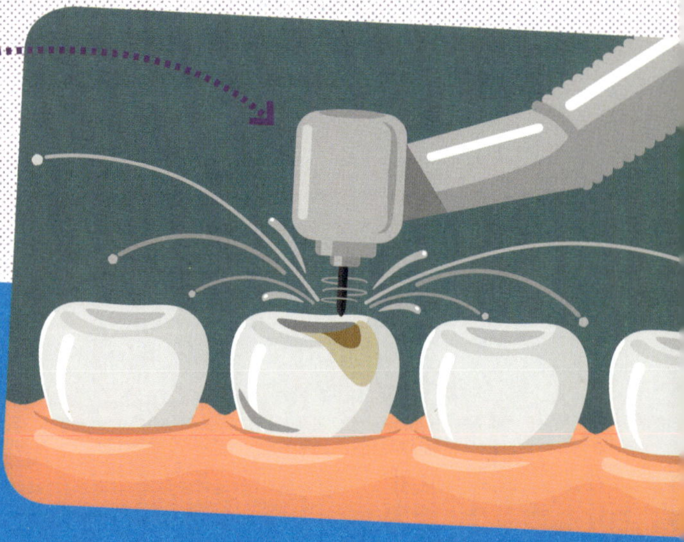

一个约 7500 年到 9000 年前的巴基斯坦的坟墓里出土了一些可能是被燧石钻过孔的牙齿。这一定要花很长时间吧。

最早的牙医机械钻由约翰·格林伍德在 1790 年发明。这个钻头由牙医脚踩的踏板驱动。格林伍德将自己母亲纺车上的踏板系统改装成了这套机械钻。一个使用时很吵的发条钻在 1864 年出现。而第一个牙医电钻出现于 1875 年。

清洁血液

肾脏能清除血液里的有毒物质。如果一个人的肾脏坏了，那这个人很可能会死亡。

不过自 1943 年以来，肾脏病患者可以依靠透析生活。那是一种通过像肾脏一样工作的机器清洁血液的技术。

荷兰医生威廉·科尔夫用肠衣、橙汁罐和一台旧洗衣机制作了第一台血液透析机。第二次世界大战中，他制作了五台机器，并随后将它们送到了世界各地的医院里。二战结束之后，他可以不再使用旧洗衣机了，开始制作全新的透析机。

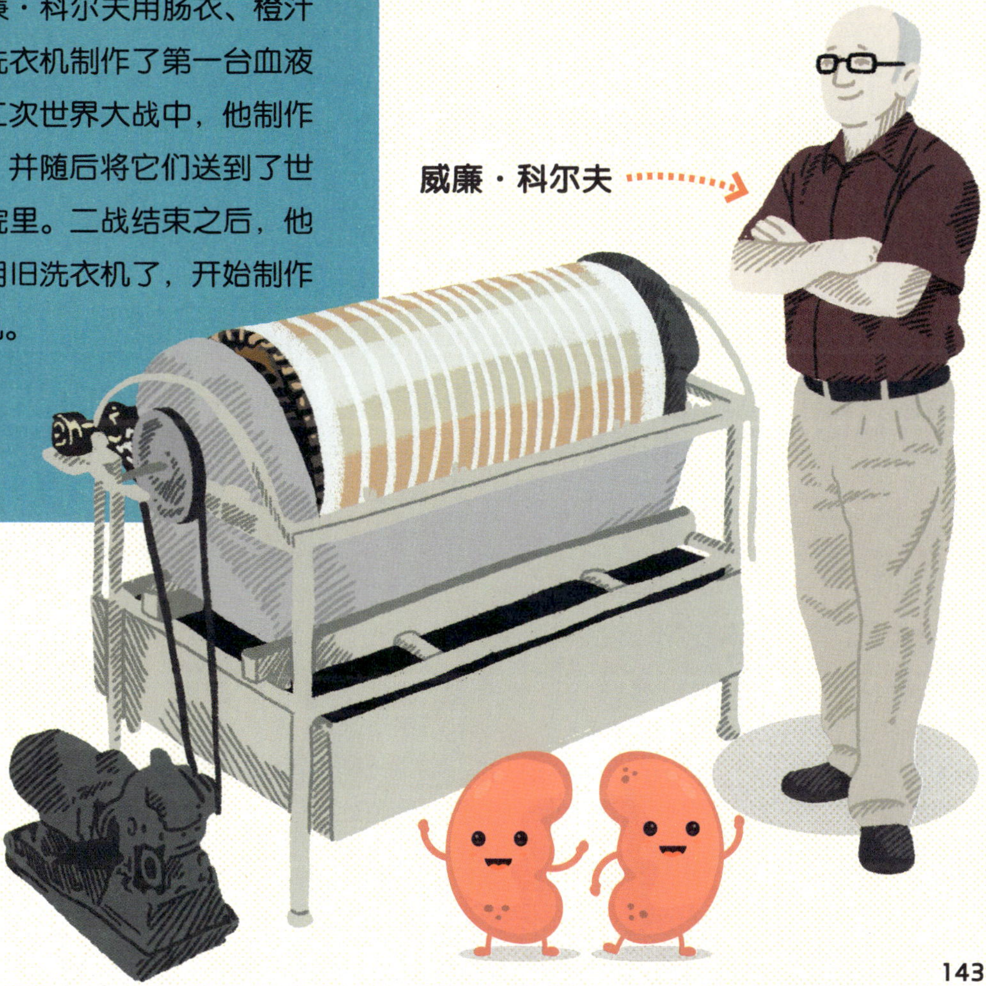

人造皮肤

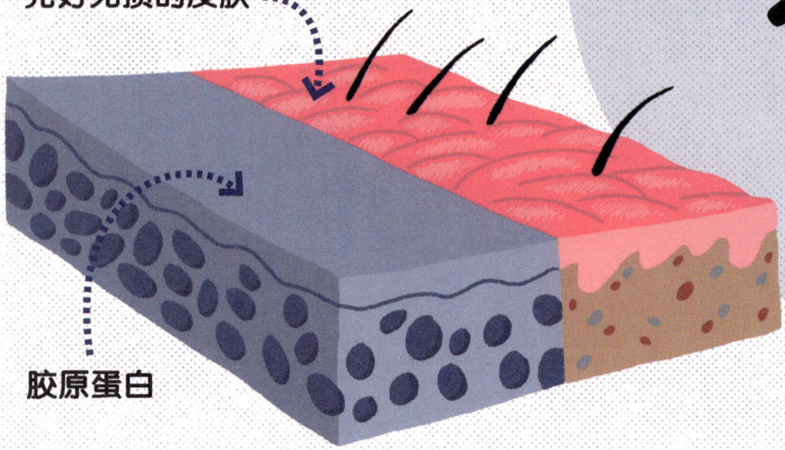

1981 年，一些科学家尝试发明一种人造的皮肤，用于覆盖烧伤的伤口。他们失败了，但他们发明了一种比人造皮肤更厉害的材料。他们发现如果用纤细的胶原蛋白（一种天然材料）覆盖在组织上，身体就会利用这种蛋白作为框架，重新生长出真皮层。

英特格拉公司的这种材料现在被用来治疗严重烧伤的患者。

烧伤后，皮肤的真皮层一般并不会再生，只会生长出厚厚的疤痕组织。而在这种胶原蛋白上长出的新皮肤柔软且有弹性，就像原本的皮肤一样。

我们可以重建你的一部分

整形外科手术可以修复被损伤的身体的一部分。

约 2700 年前的印度，把犯人的鼻子割下来是一种常见的刑罚。所以人们当时对鼻子重建手术的需求很高。

当时的手术师会从患者额头上剪下来一块叶片状的皮肤，并把它覆盖在患者鼻子原先所在的地方。他们用两根蓖麻的空心茎作为鼻孔，然后再给鼻子塑形。

今天有许多不同种类的鼻子重建手术，但额头上的皮肤依然是重建鼻子的原材料。

学习如何拯救生命

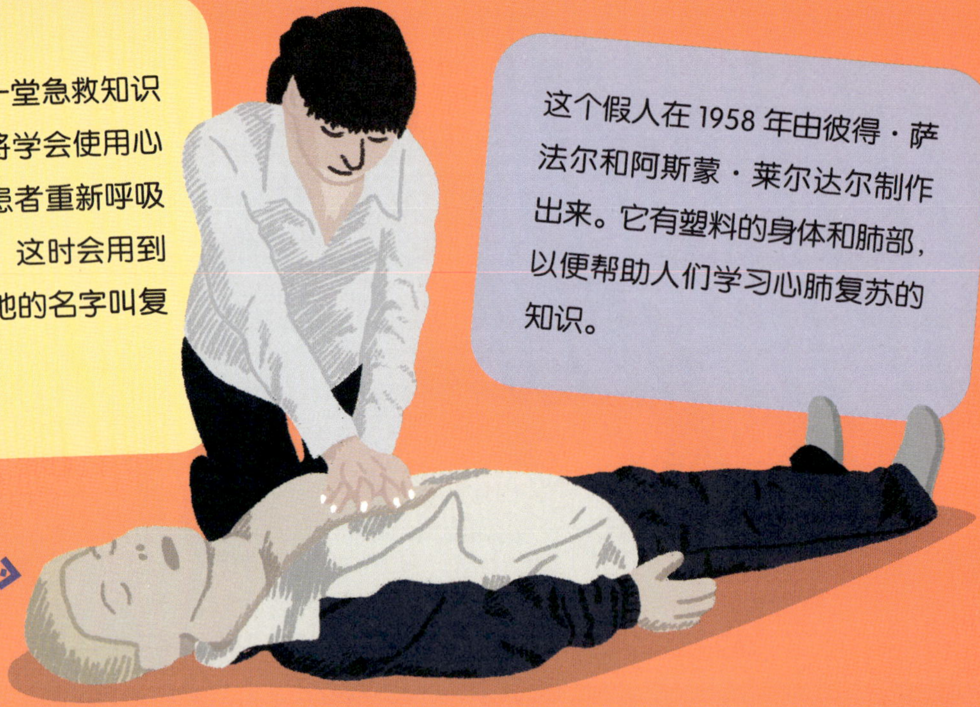

如果你上过一堂急救知识课，那么你将学会使用心肺复苏术让患者重新呼吸并产生心跳。这时会用到一个假人，她的名字叫复苏安妮。

这个假人在 1958 年由彼得·萨法尔和阿斯蒙·莱尔达尔制作出来。它有塑料的身体和肺部，以便帮助人们学习心肺复苏的知识。

这个假人的脸从一名在 19 世纪 60 年代的巴黎淹死的女性复制而来。管理停尸房的人用尸体的脸做了一个模具。萨法尔和莱尔达尔后来决定使用这张被叫作“未名少女”的脸作为他们急救用人体模型的脸。

机器人做手术

外科医生会很多技能，但是他们会疲劳，手也会颤抖——而且当你需要时，并不总是有时间！手术机器人有一双稳定的手、永远不会累，并且可以被送到偏远的地方，比如南极洲，甚至是太空。

最早的手术机器人名叫达芬奇，在 2000 年投入使用。它有功能类似眼睛的传感器，并且可以操作精密的工具完成精细的工作。这台机器人也可以被远程操控，所以外科医生可以使用这台机器帮助远处的人。

手术机器人其实还是由真人操控的。它们还没有自行完成手术的能力。

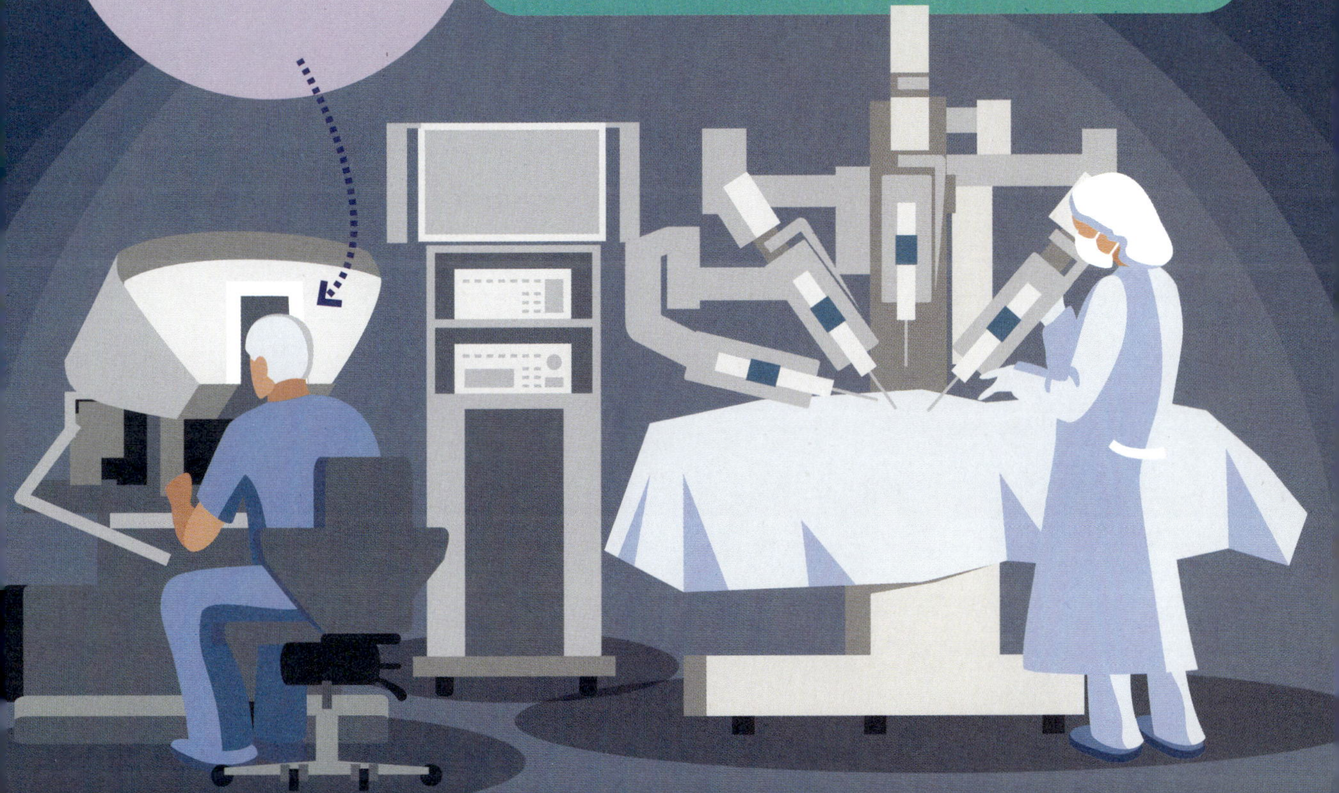

管理好自己的身体

最早的体育馆在3000 多年前的波斯（现在的伊朗）建立。

最早的现代室内体育馆在德国诞生，于1852 年在黑森开张。

最早的运动鞋在 19 世纪被发明出来，这些皮革制成的鞋子很笨重。一双运动鞋里的两只鞋是完全一样的——没有左右之分。

尤金 · 山道在 19 世纪80 年代的德国创办了健美运动。

橡皮球在 2600 多年前的南美洲被发明出来。

免洗洗手液在 1966 年由护士卢佩·赫南德兹发明。

加拿大人詹姆斯·奈史密斯在 1891 年发明了篮球。

液体洗发水则出现得比较晚，于 1927 年在德国诞生。

肥皂的历史则比较悠久。一块 4200 多年前的巴比伦泥板上就记载了肥皂的制作方法。

移植！

移植——将一个人身体的一部分组织或器官转移至另一个人的身体中。这是一种能拯救生命的手术。

最早的成功移植手术是 1869 年的一次皮肤移植手术。1905 年，奥地利外科医生完成了世界上第一例角膜移植手术。

第一例活体器官移植是 1954 年在两名同卵双胞胎罗纳德和理查德·赫里克之间进行的肾移植手术。

最早使用死去的捐赠者身上的器官进行移植的手术完成于 1962 年。

1967 年，世界上第一例心脏移植手术在南非由克里斯蒂安·巴纳德医生完成。从那时起，更多的器官或身体部位变得可以移植了，甚至包括手和脚趾。

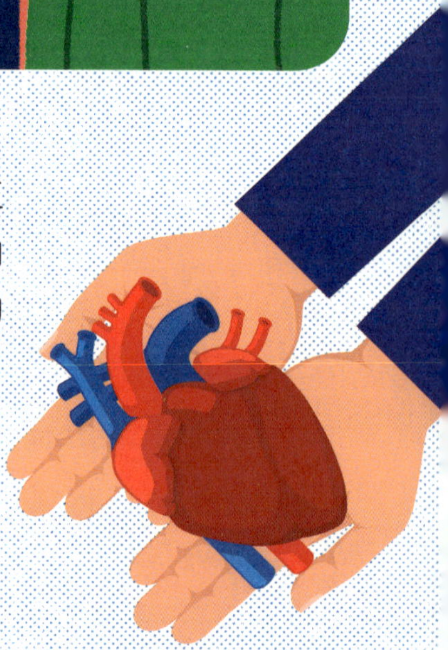

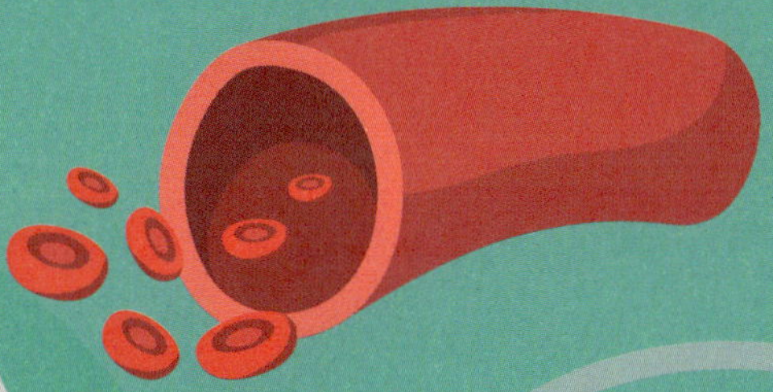

缝合血管

用来缝合血管的材料由法国外科医生亚历克西斯·卡雷尔在 1901 年到 1910 年之间发明。他从一位刺绣大师那里学了很多技术。

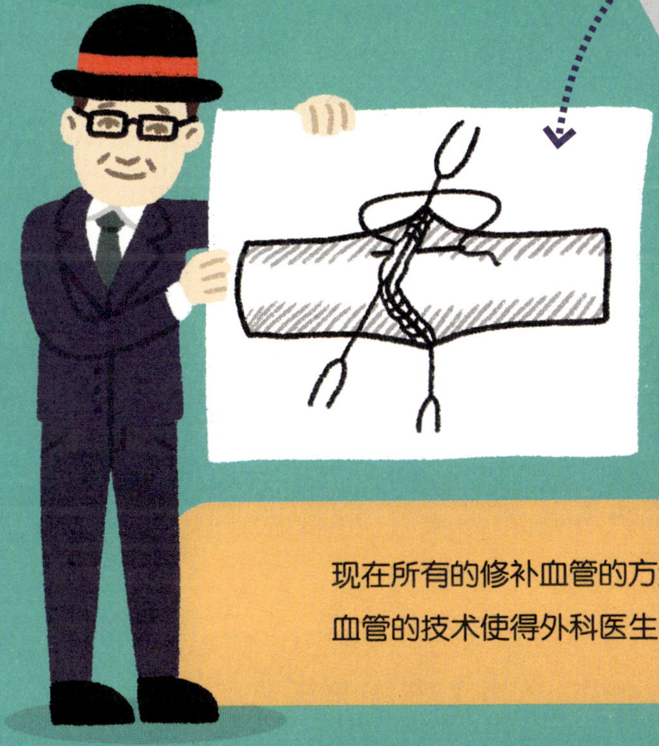

卡雷尔绘制的缝合血管原理图

1894 年法国总统尼古拉斯·莱昂纳德·萨迪·卡诺特被刺杀事件给卡雷尔带来很大影响，使他后来发明了血管缝合术。因为当时没有任何修补血管的方法，卡诺特总统因此失血过多而死。

现在所有的修补血管的方法都是由卡雷尔发明的。缝合血管的技术使得外科医生的移植器官手术成为可能。

启动心脏

除颤仪向心脏发出可控的电击，使心跳恢复正常。

除颤仪的原理最早在 1899 年于狗的身上展示。最早的人类用除颤仪于 1933 年由美国心脏学家阿尔伯特·希曼发明。

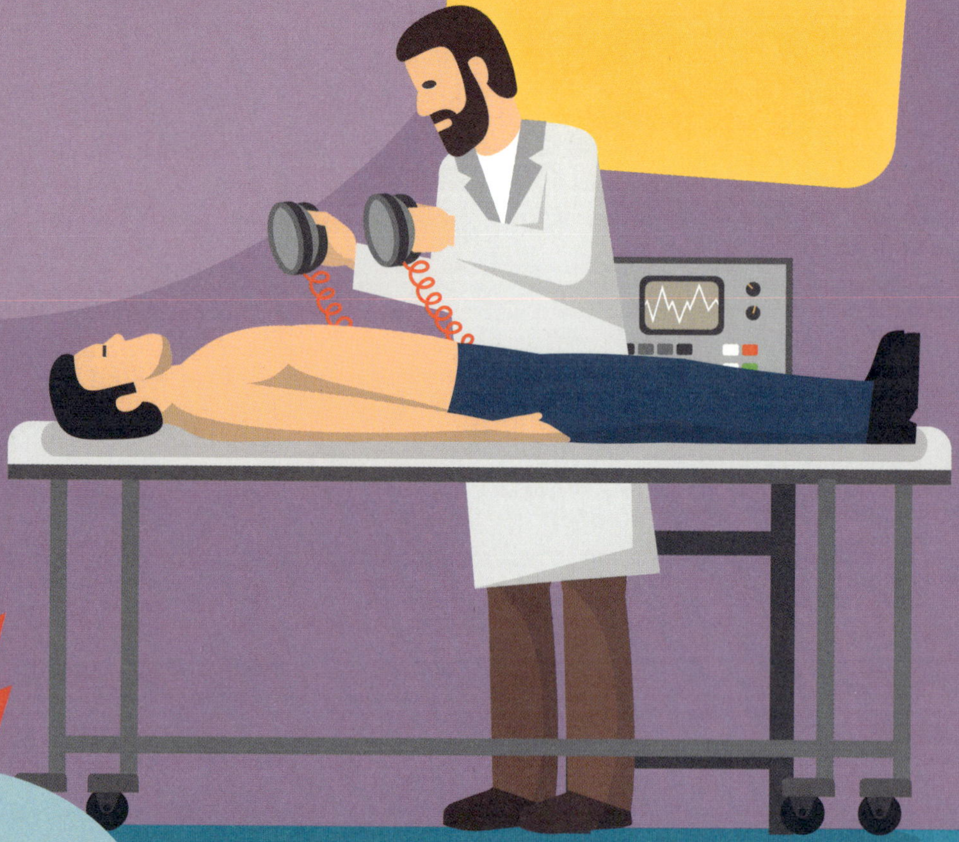

最早的除颤仪需要直接贴着心脏使用，所以它们只能在手术里使用。

最早的可以在胸腔外部使用的除颤仪于 20 世纪 50 年代在苏联（现在属吉尔吉斯斯坦）的某个地方由两名医生发明，他们分别是 E. 埃斯金和 A. 基尔莫夫。

金属骨骼

很多老人的关节会老化，这时需要做手术去替换这些老化的关节，尤其是髋关节。最早的金属人造关节由美国医生奥斯丁·摩尔于 1940 年发明。骨头末端的“圆球”被替换成一个光滑的金属球，这让患者用起来更舒服。

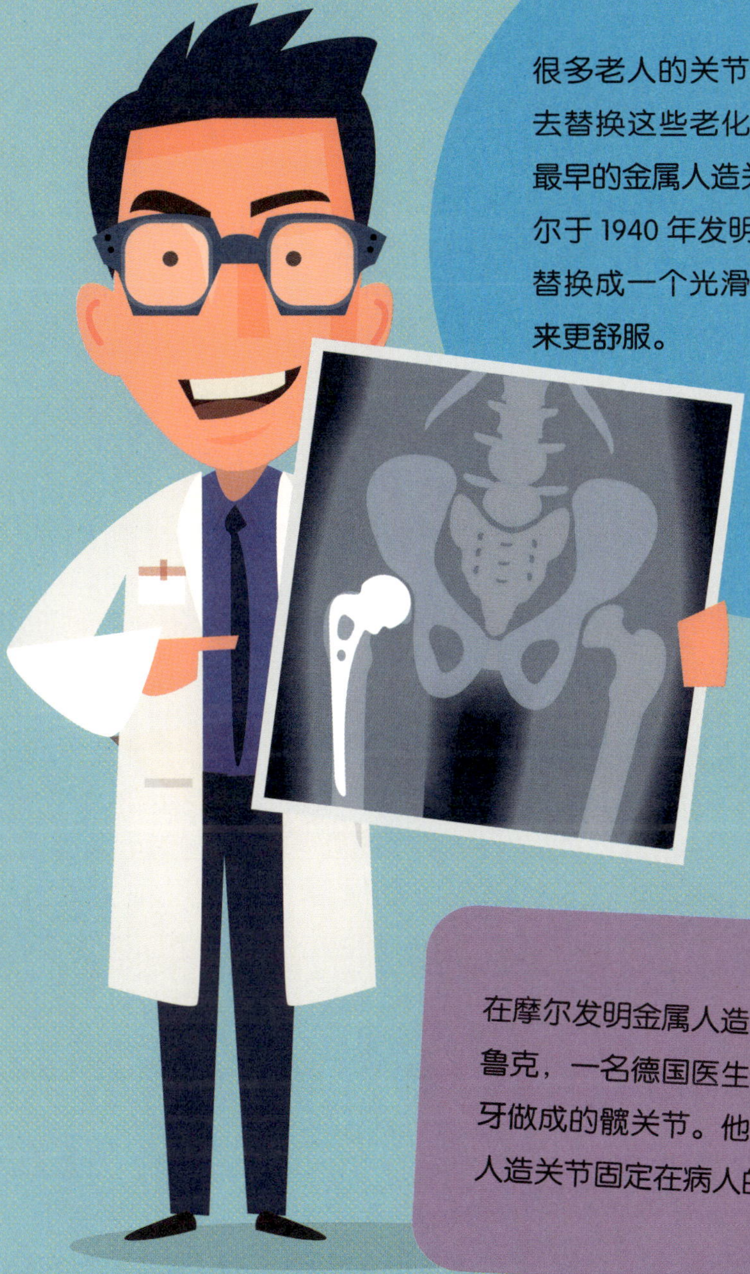

在摩尔发明金属人造关节之前，地米斯托克利·格鲁克，一名德国医生，在 1891 年制作了一个用象牙做成的髋关节。他用螺丝、石膏和胶水将这个人造关节固定在病人的腿骨上。

500个万万没想到

奇妙的科技发明

下

by Anne Rooney

［英］安妮·鲁尼★编

丁丁虫 丁木言★译

Microfacts！
500 Fantastic Facts
about Inventions

华东师范大学出版社
上 海

最早的农民

很久很久以前，人们四处游荡，依靠打猎得到的肉和采集得到的果子生存。那时的社会被称作狩猎采集社会。这种生活方式相比现代的人们通过种地收获食物或者去超市买食物要不稳定得多。

所以人们后来便发展出农业。人们饲养了一些畜，在需要吃肉的时候可以食用它们。人们还植了可以食用的农作物

农业最早出现于 12000 多年前的中东。不过，以色列地区在约 23000 多年前出现了一些人们尝试开始农业的痕迹。

甜甜的食物

人类在约 60000 年前来到印度时也许就已经开始嚼甘蔗了，但这和吃糖还有很大差距。

甘蔗很快就干了，所以得趁新鲜的时候吃。怎样把糖分保存下来以便日后食用是一个很棘手的问题。公元前 350 年左右，印度商人一度想要把糖卖给来往中国的商人。

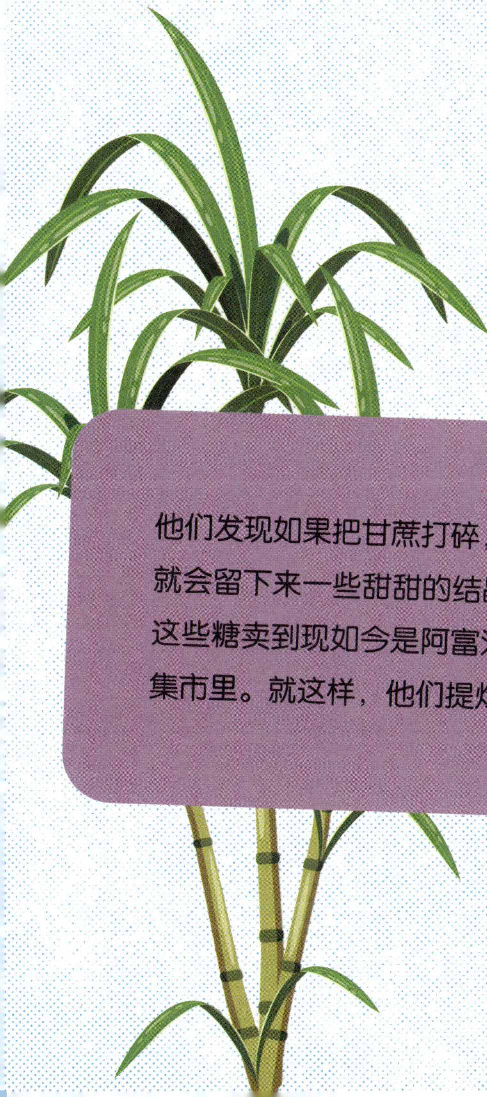

他们发现如果把甘蔗打碎，把榨出来的糖汁晒干，就会留下来一些甜甜的结晶——糖。他们可以把这些糖卖到现如今是阿富汗和哈萨克斯坦一带的集市里。就这样，他们提炼出了蔗糖！

偷来的甜蜜

糖不是唯一一种甜的食物。人们吃蜂蜜已经有几万年历史了。

灵长类动物自古以来就会从蜂巢里获取蜂蜜吃。它们进化成人类后保留了这个习惯。但爬上树从生气的蜜蜂那里偷取蜂蜜吃确实是一件有风险的事。

约 4400 年前，古埃及人用陶土制作了蜂巢。他们让蜜蜂靠得很近，并且飞得很低，这样想吃蜂蜜时随时可以吃。很快就出现了属于政府的大型蜂场，有数百个蜂巢，并由奴隶管理。

装在袋子里的茶叶

在 20 世纪初，美国茶商约翰·沙利文一不小心发明了袋装茶叶。

他给他的客人提供了手工制作的丝绸袋子，装有茶叶的样本，但客人并没有把袋子里的茶叶拿出来，而是直接把袋子放进了杯子里。

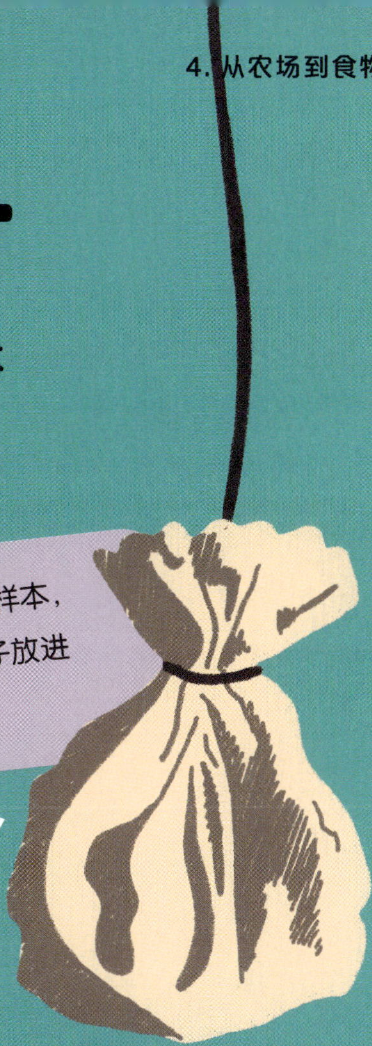

最早的茶叶包装机器在 1929 年的德国诞生。

被装进茶叶袋里的一般是很低级的茶叶粉末——没有必要把好的茶叶浪费在袋装茶上，因为装在袋子里的茶叶并不能很充分地释放风味。而茶叶粉末能让泡茶变得更快，因为与完整的茶叶相比，茶叶粉末有更大的表面积。

被磨碎的坚果

1884 年，加拿大发明家马塞拉斯・吉尔摩・埃德森将花生用高温烘烤并磨成糊状，随后加入一点糖增稠。他把这个方法申请了专利，此后，花生酱在北美开始流行。

但埃德森并不是第一个做出花生酱的。阿兹特克人在 15 世纪时就制作出了花生酱。

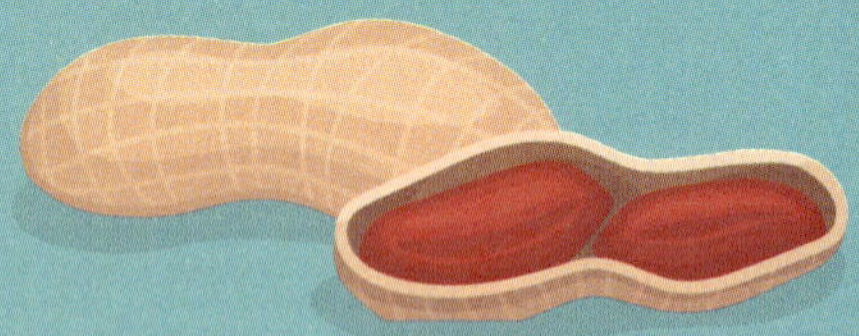

花生酱一开始非常昂贵，并且只有在昂贵的健康诊所里才能吃到。这种花生酱由家乐氏（一家知名的生产麦片的公司）生产制作，作为一种方便食用且营养丰富的食品提供给患者。

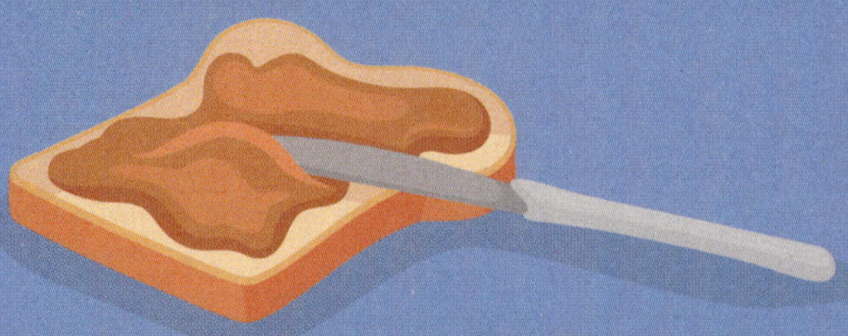

椒盐卷饼因祈祷而诞生

椒盐卷饼一开始是一种软软的面食。但在这种食品来到美国后，人们把它改良成了一种硬的面食。最早售卖硬椒盐卷饼的面包房在 1850 年开张。

传说椒盐卷饼发明于公元 610 年的意大利。一名僧侣想要鼓励孩子们学习祈祷词，所以他发明了一种会让他们照做的小零食。他用一条面团折叠成如同祷告时孩子交叠的双臂一样。一开始他把这种小零食叫作“小奖励”（Pretiola），不过后来大家改而叫它椒盐卷饼（Pretzels）。

叉子曾被认为是给胆小鬼用的

叉子很晚才成为欧洲人的常用餐具。欧洲人从石器时代就开始使用刀和勺子了，而叉子最初只用于做饭和装盘。

叉子刚来到欧洲时并不受欢迎。公元 1004 年，一个在自己的婚宴上用叉子吃饭的公主被嘲笑为太过挑剔。甚至有人认为她用叉子是亵渎神灵，当时的人们曾这样说：“上帝赐予我们手指，所以她用叉子是在蔑视上帝。”

叉子在 1553 年从意大利传到了法国，随后传到了英国，而后传到了美国。不过水手们直到 19 世纪末才开始使用叉子。

使用筷子

在欧洲还没发明叉子时，中国人已经发明出了筷子。

筷子最早也是烹饪和装盘时使用的，但随着时间推移，筷子逐渐变短，成为了一件餐具。木头和竹子筷子在约 3600 年至 4100 年前出现，而象牙筷子则在约 2100 年前出现。

害怕自己被下毒的人会使用银筷子，因为人们觉得银能够神奇地测出食物里是否有毒药。这不是魔法，当时的毒药会和银发生化学反应，导致银变黑。

一块比萨饼

传说，玛格丽特比萨饼是意大利那不勒斯面包师拉法埃尔·埃斯波西托在 1889 年发明的。

意大利国王当时正和自己的王后玛格丽特一起视察那不勒斯，他要求人们给自己的王后制作一道特别的菜。埃斯波西托于是制作了一块圆形的面包，在上面放了西红柿、马苏里拉奶酪与罗勒叶。不过意大利街头小吃摊制作这种铺有东西的饼已经有很多年历史了，所以这种比萨饼在当时也不是什么很新奇的东西。

这种比萨饼随着移民的意大利人被带到了许多其他国家。在美国，二战后从欧洲回国的老兵想要在自己国家也能吃到比萨饼，于是比萨饼因此风靡了起来。

人们用干燥的植物茎作为吸管喝饮料已经有几千年的历史了。但植物茎很容易受潮变软。

吸上来！

约 5000 年前的苏美尔出现了用黄金或青金石制作的人造吸管。在中东和阿根廷，人们使用木制吸管已经有几千年的历史了。

用吸管喝饮料在 19 世纪的欧洲和美国很受欢迎，但当时的吸管依然容易受潮变软。1888 年，美国发明家马文 · 斯通发明了纸吸管。他把纸裹在一根铅笔外面卷成管状，并用胶水固定。

可以弯曲的塑料吸管发明于 1937 年。

快速地播种

1701 年以前，人们都是通过人力播种的。这意味着要手动把种子铺撒在土地上，或者专门为大一点的种子，比如豌豆或大豆，挖出单独的洞。这样的播种效率低下，并且铺撒的种子很快就被来往的鸟儿吃掉了。

1701 年，英国农民、发明家杰特罗·图尔发明了一台“播种机”。这是一种可以依靠人力或牲畜推动的简单机械，能够在地上犁出一道道沟壑，在里面播下种子，并用泥土覆盖。这让播种变得更简单，并且更高效。庄稼长得更好了，农业也迎来了一次革命。

奶酪！

奶酪很可能是在约 7200 年前的一次意外中诞生的。

人们把动物的肉吃完后，将它的胃作为装食物的容器。当他们把牛奶装到动物的胃里时，胃里的一种叫作凝乳酶的物质把牛奶变为了奶酪。

在牛奶凝结后过滤，往过滤后形成的块状物里加盐，通过这种办法也能制作出奶酪。人们通常把奶酪压成一大块来储存。听起来真好吃——当然，也有并不好吃的奶酪。

在克罗地亚发现了约 7200 年前的陶罐，里面有奶酪的痕迹。

现代奶酪制作工艺

快餐

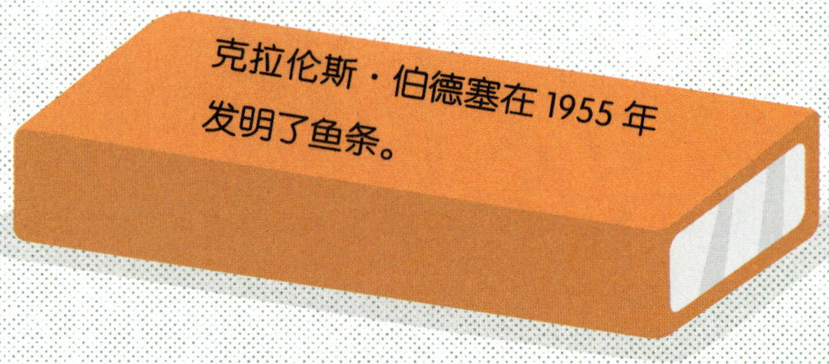

克拉伦斯·伯德塞在 1955 年发明了鱼条。

米尔顿·斯内夫利·赫尔希在 1900 年发明了好时巧克力棒。

他还于 1907 年发明了好时之吻巧克力。

哈兰德·桑德斯上校在 1924 年经济大萧条时期在美国肯塔基州的一个路边小店里贩卖炸鸡。

一种方便食用的甜点“天使之乐”发明于 1967 年。由牛奶和一种粉末混合而成。

最早的汉堡连锁店是白色城堡，在 1921 年开张。

最早的早餐麦片在 1863 年由詹姆斯·杰克逊发明。这款麦片并不受欢迎，因为它必须要被浸泡一整晚才能吃。

果酱吐司饼干于 1964 年发明，当时没有添加糖霜。一共有四种口味，草莓味、蓝莓味、红糖肉桂味和苹果醋栗味。

糖霜果酱吐司饼干，诞生于 1967 年。

最早关于糖豆的记载是有甜点师建议把它们送到前线给美国内战时期的士兵食用。

在 14 世纪的波兰由于椒盐卷饼的工艺简化，贝果有可能因此而诞生。德国工人把椒盐卷饼做成一种更简单的样子——一个圆环，并称呼它为面包圈。

要么喜欢要么讨厌

马麦酱是一种粘稠的、深棕色的酱，在英国被用来涂抹面包。有的人没法接受它的味道，而有的人特别喜欢这个味道。

马麦酱是德国化学家尤斯图斯·冯·李比希于 19 世纪末在一次失误中发明的。他发现啤酒酿造后留下来的酵母沉淀物可以在煮沸后装瓶并供人食用。虽然人们并不知道他为什么要这么做。

1902 年的英国出现了一个专门制造马麦酱的工厂，而马麦酱后来大受欢迎。至少它帮助减少了食物（酿酒）浪费。

松饼

也许配上蜂蜜更好吃。

松饼发明于约 2500 年前的古希腊。可能在那之前已经有人发明了松饼，但我们并不是很清楚。

最早的古希腊松饼是用小麦面粉、橄榄油、凝乳和蜂蜜制成的，人们把它当作早饭。在几个世纪以后，古罗马人在松饼面糊里加入了鸡蛋，让它更像我们现代的煎饼了。

信奉天主教的欧洲人会在一个特别的星期二吃松饼。在这一天之后是大斋戒，在这段长达四十天的日子里，人们必须吃清淡和简单的食物。因此在这之前人们要把家里的存货都吃掉，最简单的办法就是把它们做成松饼。

来自海洋的柑橘酱

据说，在 1700 年时，有人为了消耗掉一船橘子而发明了柑橘酱。有一艘装满了橘子的船在苏格兰海岸附近遭遇了风暴，于是人们在敦提靠岸休整。当地一位名叫詹姆斯·凯勒的商人以低廉的价格买下了所有橘子。他的夫人琼随后试着用这些橘子做出了柑橘酱。

这个故事大概不是真的。这种传说由琼发明的捣碎橘子的工艺当时已经在英国得到广泛的应用。在英国，人们从 17 世纪 60 年代开始就已经吃上配有柑橘酱的苹果果冻了。

冷得快冻住了！

速冻是一种制作冷冻食品的方法。克拉伦斯·伯德塞在 1924 年发明了这种技术。现在你能在很多速冻食品上找到伯德塞的名字。

伯德塞当时是拉布拉多的一名皮草商。他发现他和因纽特人从水里捕捞上来的鱼几乎立刻就冻上了，但是在后续烹饪时依然保留了新鲜的口感。于是他开始测试一些快速冷冻食品的方法。

慢慢地冷冻食品并不如速冻好——慢冻时食物里会形成冰晶，破坏食物原有的结构。当食物解冻时，里面的冰晶融化后形成的水会带走食物原本的风味。

滋滋响的在跳舞的糖果

跳跳糖是一种能滋滋响的在嘴巴里“爆炸”的糖果。它是美国化学家威廉·米切尔在 1956 年不小心发明的。

米切尔当时正在尝试制作一种速溶碳酸饮料——一种加入到水里能把水变成碳酸饮料的粉末。他失败了，所以他把他的配方扔到一边转而去研究别的东西。

将近二十年后的 1975 年，另一名化学家发现了米切尔的配方并改进了它，制作出了一种叫作“跳跳糖”的糖果。他把它溶解在口中时发出的滋滋声以及舌尖的触感作为主要卖点，而不是强调它能溶解在玻璃杯中的水中。

喝过咖啡后，不管是山羊还是人都会保持清醒

传说公元 9 世纪的埃塞俄比亚，一个名叫卡尔迪的牧羊人发现他的羊在吃了一种植物的果实之后变得很激动。这种植物就是咖啡树。

不管这个故事是不是真的，15 世纪时的阿拉伯半岛出现了饮用咖啡的记载。当地的人们烘焙咖啡豆，将它们磨成粉后放在水里做成一种饮料。信奉伊斯兰教苏菲派的人依靠这种饮料来让他们在宗教仪式里保持清醒。

甜甜圈最初并不是“圈”

荷兰人在 19 世纪初开始制作一种叫作“油蛋糕”的面食。他们把面团放入动物油脂里炸。这种食品听起来好像没有甜甜圈那么好吃。

由于面团是实心的，中心的部分很容易炸不熟。一个常见的解决办法就是直接把面团中心换成果酱等不用炸熟就能吃的东西。

汉森·格雷戈里，一名美国船长，在 1847 年找到了解决这个问题的另一种办法。他把面团的中心去掉了，这样就不会炸不熟了。

爆米花

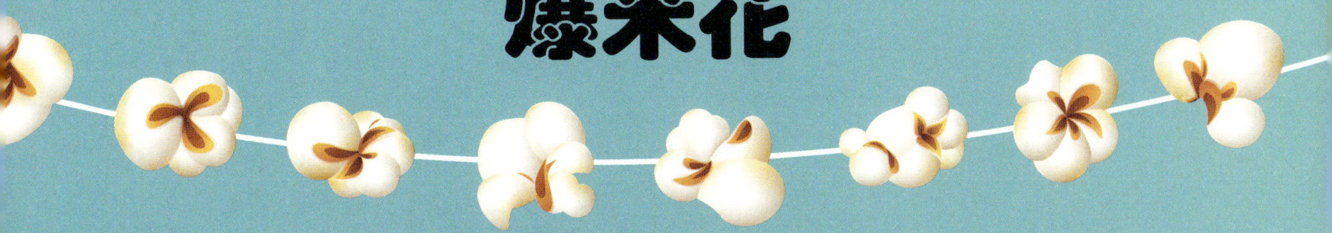

好看也好吃

爆米花在约 5600 年前就已经出现了。爆开的玉米粒在新墨西哥州的一个洞穴里被发现，这意味着洞穴时代的人已经靠自己生的火吃上爆米花了。

爆米花在南美洲和中美洲不仅被用来食用，还是装饰衣服和制作祭祀用品的材料。

来到美洲的殖民者学习了原住民制作爆米花的方法，有些人甚至把爆米花当作早餐中的谷物类来吃。

查尔斯·克雷托斯在 1885 年制作出了第一台商业用的爆米花机器。他把自己的机器放在一个小车上推出去售卖，让爆米花成为了一种受欢迎的街头食品。爆米花小车经常出现在电影院外面，售卖爆米花给成群排队的人，这也是为什么现在电影和爆米花被联系在了一起。

烤面包需要——烤面包机

艾伦·麦克马斯特于 1893 年在苏格兰的爱丁堡发明了烤面包机。在此之前，人们把面包挂在一个特别的架子上，或者拿特别的叉子扎住面包，放在火上把面包烤熟。

最早的烤面包机没有把面包弹出去的功能，这些机器只是通过电来加热，取代了火焰而已。烤面包的人依然需要仔细地观察、翻面，防止面包烤焦。

1913 年，人们发明了能够给面包翻面的烤面包机。1925 年第一台现代烤面包机出现了——它能够同时烘烤面包的两面，到时间了就把面包弹出来，并且有一个定时器提醒人们面包烤好了。

巧克力和牛奶是绝配

人们食用可可豆已经有上千年历史了，但最早只是把它们当作饮料喝。1847 年，约瑟夫·弗莱发明了一种制作固体巧克力的方法。他将融化的可可脂（之前会从可可中去除）重新加入可可中，制成含有可可、糖、可可脂的糊状混合物。另一名英国人约翰·卡布里在 1849 年开始制作巧克力。

1875 年，瑞士巧克力匠丹尼尔·皮特在巧克力里加入了奶粉，制成了世界上最早的牛奶巧克力。

最早的番茄酱里没有番茄

“番茄酱”最早是由水手们从远东带到英国的。在东方，人们在做菜时会往菜里加入一种腌制的鱼酱，这种鱼酱跟现在的番茄酱差得远了。

欧洲人尝试了各种方法复制这个配方，比如加入蘑菇、坚果或者牡蛎。

水手们把“番茄酱”带到了美洲。在那里，人们尝试了更多的配方，其中也包括在 1801 年出现的加入番茄的配方。番茄被挤压、烹饪、调味，在加入大量调料后装瓶。乔纳斯·耶克斯在 1837 年开始商业化销售这种配方的番茄酱。在 19 世纪末，这种加入番茄的版本成为了世界上主流的番茄酱。

速食汉堡

最早的快餐汉堡是方形的。这些汉堡由创立白色城堡连锁快餐的沃尔特·安德森发明。

20 世纪 40 年代，有一家公司的一名员工发现如果一块汉堡肉饼中有洞，那么它会熟得更快。1951 年这家公司申请了一款带有五个洞（在不需要翻面的情况下熟得最快）的方形汉堡肉的专利。

有洞的汉堡肉意味着这些肉可以和洋葱一起烹饪，通过汉堡肉里的洞加入一点洋葱的味道。

软塌塌的小麦制品——不错的食品

1890 年，亨利·佩基发现有人通过往小麦里加入奶油，来制作一种简单的能填饱肚子的食品。他于是发明了一种把小麦加工成麦片的方法，小麦被加工成像垫子一样的饼状物。

麦片最早于 1892 年在素食餐厅里售卖。一家素食主义杂志建议素食主义者把麦片加入汤里代替面包丁。最初的麦片只包含小麦一种原料。

京都

幸运饼干被认为是一种很古老的源于中国的小点心。但它其实源于 19 世纪晚期日本的京都。幸运饼干通常是空心的，里面有写了幸运话语的小纸条。

好运？霉运？

可能是 19 世纪 90 年代末或 20 世纪初，萩原真在美国加利福尼亚州的一家茶园出售了第一块现代风格的幸运饼干，并在幸运饼干内放了代表幸运的小纸条。

由于二战时美国与日本处于敌对关系的缘故，幸运饼干逐渐与中国——而不是日本——联系了起来。

1992 年，有人尝试在中国引入幸运饼干，但是人们认为这个太过“美国”了，因此没有接受。

这可不是黄油……

人造黄油由法国化学家伊波利特·梅热－穆列斯在 1869 年发明。当时，法国正与普鲁士（现在属于许多欧洲国家）打仗，导致黄油短缺。法国政府设立了一个奖项，奖励那些能造出一种既不难吃又能在战争期间用现有原料生产的黄油替代品的人。

梅热－穆列斯认为黄油可能源于牛身上的脂肪，所以他应该能用牛身上的脂肪做出和黄油类似的东西。神奇的是他居然成功了。

奶昔以前不是这样的

奶昔这个词最早出现于 1885 年，用来称呼一种含有威士忌的酒精饮料。

20 世纪早期，奶昔里面不再加入酒精，逐渐成为一种添加糖浆的手摇牛奶饮品。

直到电动搅拌器的发明，现代泡沫奶昔才得以问世。

史蒂芬·波普劳斯基于 1922 年首次制造出电动搅拌器。同年，伊瓦尔·波普·库尔森用麦芽牛奶（牛奶、麦芽粉和巧克力糖浆的混合物）加两勺冰淇淋调制出了一种饮料，这就是最早的现代奶昔。

加点水就行了

1533 年之前，秘鲁的印加人把土豆磨碎并晒干以保存。要吃的时候，他们往这种粉末中加上热水就获得了土豆泥。

现代速食土豆泥发明于 1952 年美国的爱达荷州。在 1955 年这些速食土豆泥开始商业化销售。

百世图牌肉汁粉发明于 1908 年。

百世图肉汁在很久以后的 1979 年才被发明出来并商业化销售。

最早的电视餐在 1961 年出现，是维斯塔咖喱，一种速食食品。这种咖喱是脱水的粉末，烹制时需要加入水。

方便面发明于日本，并于 1958 年开始售卖。

杯装方便面发明于1971 年。

13 世纪时，蒙古人把牛奶晒干成为一种粘稠的奶制品。这种奶制品能保存的时间更久，对于在马背上生活的他们来说，也更方便携带。

阿尔方斯 · 阿莱斯于 1881 年在法国发明了速溶咖啡。

热巧克力粉发明于1828 年的荷兰。

最早的工业化制作的奶粉诞生于 1802 年的俄罗斯。

午餐肉不一定在午餐时吃

午餐肉是一种用罐头装的加工肉制品。最早在 1937 年由美国的杰伊·卡瑟伍德·霍梅尔发明。当时他正在寻找一种把猪的上肩肉[①]，也就是不太受欢迎的部分卖出去的办法。他发明了一种办法：把肉搅碎，加入盐、水、糖、淀粉等调味，然后把肉放进罐子里密封，这样就能保存很久了。

最开始大家并不喜欢这种做法，因为当时仍然有许多其他火腿产品。霍梅尔于是举办了一个比赛，让大家给这个产品起一个响亮的名字。“世棒（Spam）”得票最高，因此新名字就是它了。在第二次世界大战中，每星期要给前线的士兵提供超过一百五十万罐午餐肉。

① 编者注：美国人不爱吃这个部位，他们更爱肋排。

切片面包

奥托 · 罗维德的
面包切片机

人们食用面包已经有几千年历史了，但切片面包最早在 1928 年的美国出现。这种面包由奥托·罗维德，一名爱荷华州的珠宝商发明，但他花了很久才把自己的点子变成真正的面包。1917 年，他的面包切片试验机被一场大火摧毁，他不得不从头开始。

罗维德做了很多实验测试这种面包的最佳厚度，最后发现每一片面包比较合适的厚度是 1.2 厘米。

放进微波炉里

微波炉由美国工程师帕西·斯宾塞发明。

有一天，他正在试验他所使用的磁控管：磁控管是一种能产生微波辐射的真空管，主要用于雷达系统。当他试验时，他发现口袋里的巧克力融化了。

他用很多其他食物测试——一个鸡蛋受热后立刻爆炸了，玉米变成了爆米花。他就此发现微波炉能够加热玉米粒。

1945 年，他注册了微波炉的发明专利。在 1947 年，最早的微波炉被安装在波士顿的一家餐厅的厨房里。

现代微波炉

最早主要供家庭使用的微波炉在 1972 年出现。

卡仕达不是马自达

阿尔弗雷德·伯德

卡仕达粉于 1837 年由英国化学家阿尔弗雷德·伯德发明。

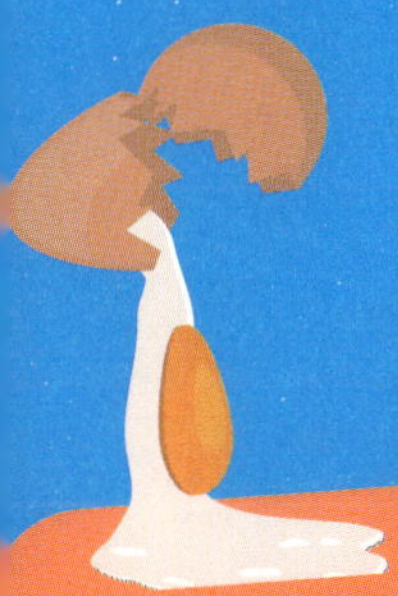

卡仕达是一种用鸡蛋、牛奶和糖制作的食品，但伯德的夫人对鸡蛋过敏，所以他改进了配方，将鸡蛋替换成了玉米淀粉以让卡仕达变得浓稠，同时让自己的夫人也能享受卡仕达甜点的味道。

六年后，他回到了实验室，这次发明的是烘焙粉。他的夫人也对酵母过敏，所以没办法吃用酵母发酵的东西，比如面包。烘焙粉能让面包膨发而不需要用酵母，因此他的夫人也能吃面包了。真是个贴心的丈夫。

联合收割机

在旧式农业中，农场工人必须用镰刀割麦、收麦子，然后将麦穗从麦秆上分离出来（脱粒），再将麦粒从麦壳中分离出来（扬谷）。这个过程需要花很多的时间，并且十分艰辛。

1826 年，苏格兰牧师帕特里克·贝尔发明了用刀片切割小麦的收割机。1835 年，美国人希拉姆·摩尔在贝尔发明的收割机的基础上制造了第一台联合收割机。一台机器就可以完成以前需要好几个人工作很久的任务。

最早的联合收割机由 20 头马或者骡子驱动。乔治·斯托克顿·贝瑞发明了一台蒸汽驱动的联合收割机。这台收割机通过燃烧秸秆来加热水以产生蒸汽。

开心乐园餐

1948 年，迪克和麦克 · 麦当劳创建了麦当劳汉堡连锁店。

他们有自己的独家汉堡配方。在 1961 年，兄弟二人把连锁店卖给了雷 · 克洛克。雷 · 克洛克随后把麦当劳打造成了一家全球连锁的餐厅品牌。

麦当劳的成功很大程度依赖于招牌产品：1968 年推出的巨无霸和 1979 年推出的开心乐园餐。但麦当劳并不是第一家推出两片圆面包夹三块肉饼的汉堡的餐厅。在 1936 年，大男孩餐厅就已经推出过一种大的汉堡。

罐头食品

在 19 世纪早期，法国甜点师尼古拉·阿贝尔特把食物加热后封装在玻璃罐里。法国政府为他的发明给了他一大笔奖励。

早期罐头

另一个法国人菲利普·德·吉拉德发明了一种能够把食品封装在里面的金属容器，但第一个罐头食品由英国发明家布莱恩·唐金制作。他用了吉拉德的设计，并且在1813 年说服了英国海军向他采购罐头牛肉。

这种罐装牛肉很受水手欢迎，在远离陆地没有补给的海上，生病的水手可以吃上富有营养的牛肉，因此它被认为能拯救人的性命。

我们能把它取出来吗？

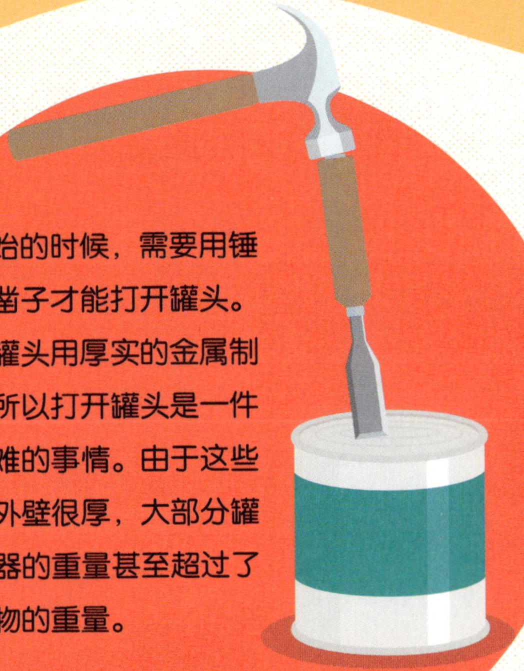

最开始的时候，需要用锤子和凿子才能打开罐头。这些罐头用厚实的金属制作，所以打开罐头是一件很困难的事情。由于这些罐头外壁很厚，大部分罐头容器的重量甚至超过了内容物的重量。

1858 年美国人埃兹拉·沃纳发明了开罐器，让打开罐头变得简单了许多。这个开罐器和现代的开罐器并不一样，而是像一把弯曲的刀。需要压进罐头盖里，并且绕着罐头的边缘转一圈才能打开。听起来好像有点危险。

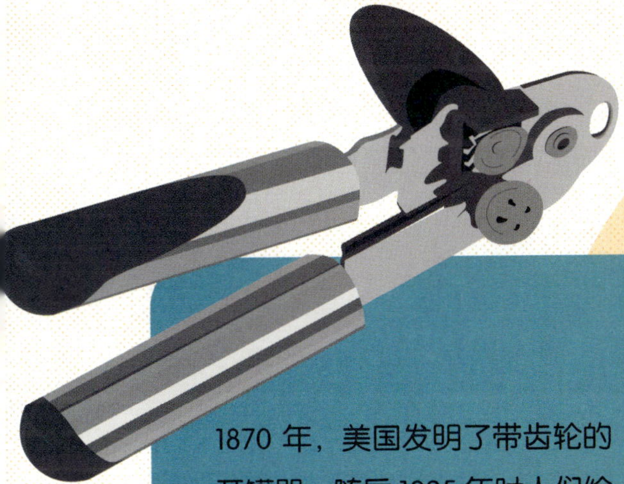

1870 年，美国发明了带齿轮的开罐器，随后 1925 年时人们给这个工具加上了另一个齿轮，这就是现代开罐器的样子了。

包装好了

最早的被装入易拉罐里售卖的饮料是啤酒，在 1935 年美国的弗吉尼亚州开始售卖。

1959 年，美国人埃尔马尔·弗拉泽发明了最早的带拉环的易拉罐。

最早的保鲜膜发明于 1949 年，并且在 1953 年第一次作为家庭用品售卖。

在马卡龙和其他食品底下垫着的米纸最早出现于 1634 年的中国。起初，这种纸不是由米做的，而是用一种植物的茎秆加工成的。

聚苯乙烯杯子发明于 1957 年。

用来包装食物的铝箔纸发明于 1910 年，在那之前人们只能用锡纸。

500 多年前，英国人发明了康沃尔肉馅饼。它首次被提及是在 1509 年或 1510 年。这种馅饼的饼皮也是很好吃的。

如果不算上饼皮，那么这种馅饼的历史还要更悠久。约一万年前的壁画上展示了一位女性正在吃用叶子包裹的馅饼。

购买一个甜筒冰激凌，你就会得到一个可以食用的食品包装——甜筒！甜筒最早于 1896 年由意大利人伊塔洛·马尔乔尼在纽约发明。

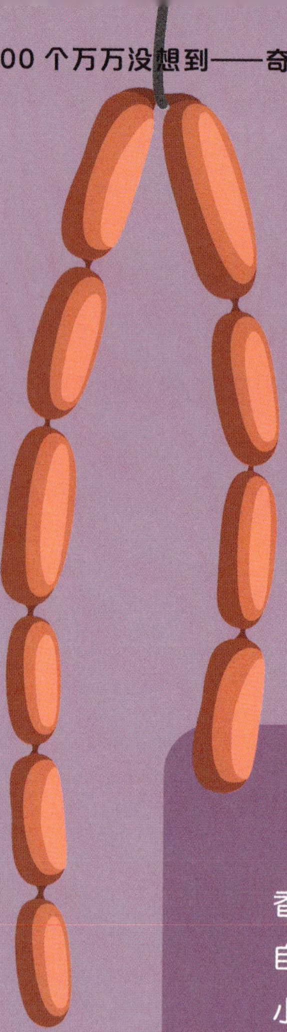

香肠的历史很悠久

最早提到香肠的文章至少有约 3000 年的历史，这篇文章来自两河流域（现在的伊拉克）。

香肠是人们尝试充分使用屠宰后的动物的每一个部分的自然产物。人们把不想吃的动物部分捣碎，塞进动物的小肠里（最早的肠衣），这样香肠在烹饪时能保持形状。

香肠在中东，中国，欧洲等多个地方由不同的文明独立发明。有些血肠，肠衣里只包着血和脂肪。

冰激凌
很早以前就有了

相传在约 2200 年前的中国就已经有冰激凌了。人们把米饭和牛奶混合，放入雪中冷冻。大约 1400 年前，唐代的皇帝有专门的“冰匠”，他们将水牛奶、面粉等混合后冷冻，以此制作消暑的甜品。意大利探险家马可·波罗就曾在中国见到过冰激凌，并把制作技术带回了意大利。

罗马皇帝曾经派人前往山中采集雪，然后与水果混合食用。不过这种甜品相比冰激凌倒是更像雪葩。

星期天的圣代

冰激凌圣代发明于 19 世纪晚期美国的埃文斯顿。在那里的一条法令规定，由于宗教原因，人们不得在星期天售卖冰激凌苏打水。

为了绕过禁令，人们开始用糖浆代替苏打水制作冰激凌。由于是在周日（Sunday）售卖，人们就把它们叫作冰激凌圣代（ice cream sundaes），并改变了拼写，以便让人们不那么明显地看出，他们是在避开对美味冰激凌的禁令。

高压锅是一种能密闭，用于煮东西的沉重的锅。

随着温度的升高，锅里的气压也会升高。在气压更高的锅中煮食物要比在敞开的锅里更快，因为气压高，水可以被加热到超过 100 度。

德尼·帕潘的蒸汽蒸煮器

高压锅，或者说能加压的锅等这一类锅，由一位法国物理学家在 1679 年发明。德尼·帕潘制作了一个“蒸汽蒸煮器”。这台机器利用高压下水的沸点会升高这一原理来改变加热食物的温度。虽然这个发明很成功，但高压锅直到 1864 年才作为真正的厨房用具售卖。

甜甜的、黏黏的东西

并且一开始它对健康是有帮助的。

现在的炼乳是一种黏黏的，由牛奶浓缩后加入糖制成的糖浆状制品。在世界各地，炼乳经常被添加到甜点中。它们被封存在罐头里出售，并且可以保存好多年。

最开始，炼乳由罐头的发明者尼古拉·阿贝尔特发明（见第 192 页），当时并没有加糖。1853 年盖尔·波登在美国改良了他的配方。当时大量的孩子由于船上提供的牛奶质量有问题而死亡，所以他想到了一个办法：把新鲜牛奶里的大部分水分蒸发掉，并把这种浓缩的牛奶包装在罐头里储存。在 1861 年到 1865 年的美国南北战争中，炼乳被提供给士兵，随后便得到了人们的青睐。

盖尔·波登

小事故

冰棒是由一个 11 岁的小孩一不小心发明的。

1905 年，弗兰克·埃珀森在他的家门口放了一杯添加了速溶饮料的苏打水。他还把自己的搅拌棒忘在了里面。当晚由于气温骤降，这杯混合物冻上了。在早晨，在家门口等待着他的是世界上最早的冰棒。

成年以后，埃珀森在加利福尼亚的一个公园里以“EPSICLE”作为品牌名售卖他的冰棒。

他的孩子融合了爸爸的名字作为新的冰棒品牌名，即现在广为人知的“POPSICLE”冰棒。

意料之外

拖鞋面包看起来就像传统的意大利面包一样，因为它就是一款传统面包。这种面包发明于 1982 年的意大利，目的是与法国的法棍竞争市场。

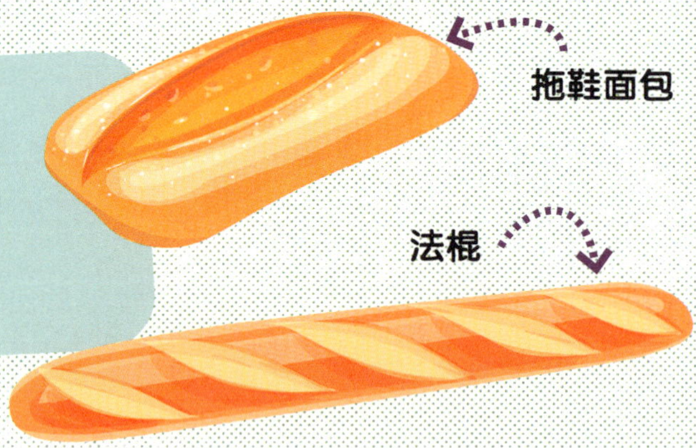

茶最早在 3000 多年前的中国被人们当作药物来饮用。

木斯里是一种麦片、坚果和水果制成的早餐，给医院患者食用。由瑞士医生格拉米利安·比尔·彻本纳发明于 1900 年。

菌体蛋白是人造肉制品，在 1985 年发售。这种人造肉是由真菌制成的（一般在大型容器中生长）。

约瑟夫·坎贝尔在 1897 年发明了罐头番茄汤。当时人们从来不直接吃这种罐头，因为人们以为它有毒。

食用土豆在南美洲已经有几千年历史了，但在欧洲土豆最早作为观赏植物种植。在 1573 年，西班牙的一家医院给他们的患者食用了土豆，在之后大家才意识到土豆是可以食用的。

玉米麦片最早不是为了好吃而发明的。约翰·凯洛格于 1894 年将其作为一种温和的素食推出，以避免人们吃得太多。

碳酸饮料来自一次化学实验。约瑟夫·普利斯特里在 1767 年尝试采集二氧化碳时发现二氧化碳可以溶解在水中。

薯条在 17 世纪末的比利时发明，在冬天河流结冰时用来代替当地的一种食物——油炸小鱼。

在 4000 多年前的南美洲，巧克力最早被当作饮料饮用。不过当时的饮料是辣的而不是甜的。

麦芽牛奶饮料“好立克”是 1897 年时人们为病人发明的，但健康人也喜欢喝。

给花园浇水一直是一件烦人的事

现在我们如果要给花园浇水，我们会用塑料软管，又防水又方便。

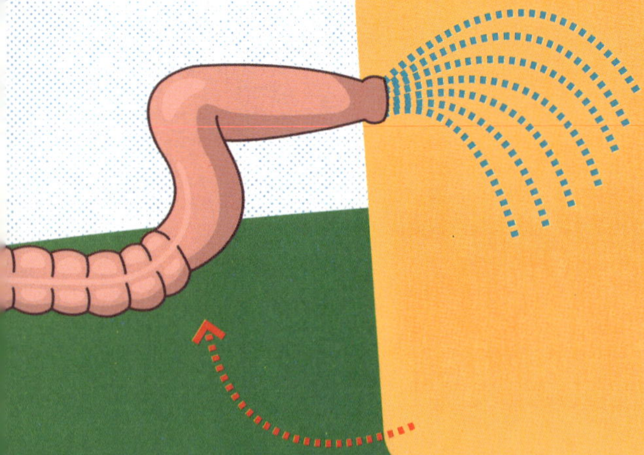

不过最早的水管就没有那么方便使用了。古希腊人在 2400 多年前制作了最早的水管，原材料是牛的小肠，这些小肠依然连接在胃上。在胃里灌满水之后，通过挤压胃，就可以把水喷到火上以灭火。

简·范·德·海登用牛皮制作了最早的人造水管。人们还尝试用很多不同的材料来做水管，比如抹了油的布，甚至还有金属。直到 1870 年，人们才开始使用橡胶。

浇水用的洒水壶由约翰·哈斯于 1886 年发明。代替了人们从公元前 79 年也就是约 2100 年前就开始使用的浇水罐。

浇水罐是底部有孔的金属或陶壶，这样水就会像雨滴一样落下来。壶的顶部有一个孔，在移动浇水罐的时候要把孔盖上，这样水就不会从壶里滴出来。

洒水壶则完全不一样。它有一个把手和一个喷口，这样园丁可以拎起壶来给自己想要浇的地方浇水。

拉好拉链！

现在鞋子上、衣服上，或者是包上都有拉链。然而，拉链经过了多次重新设计才成功地被发明出来。

最初伊莱亚斯·豪想要设计一种能自动连续地闭合衣服的东西，然而他很快在 1851 年就放弃了。19 世纪 90 年代出现了怀特科姆·贾德森为了鞋子设计的“扣锁”，但也失败了。最早跟现在差不多的拉链在 1913 年由吉迪恩·桑德贝克发明。“拉链”这一名字则出现于 1922 年。

拉链最早被用于靴子与烟草袋，直到二十年后才出现在衣服上。男士裤子是最早使用拉链的衣物。

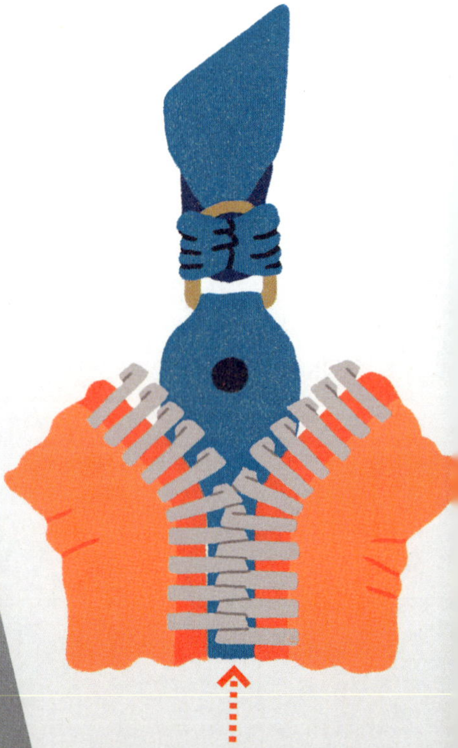

吉迪恩·桑德贝克的拉链

给我一张纸巾吧

一包薄薄的纸巾看起来可能不是什么非常重要的发明，但它其实在 1924 年才被发明出来。

舒洁是最早的纸巾品牌，现在依然很受欢迎。虽然现在我们主要用纸巾来擤鼻涕，但这并不是它们最早的用途。纸巾一开始是用来给演员卸妆的。演员们会在脸上涂抹冷霜，然后用纸巾连妆一起擦掉。后来人们找到了一种新的用途——拿来当手帕。

在日本，人们使用纸巾作为可丢弃的一次性手帕已经有好几个世纪的历史了。他们认为重复使用布做的手帕很恶心。

纸巾之前的——手帕

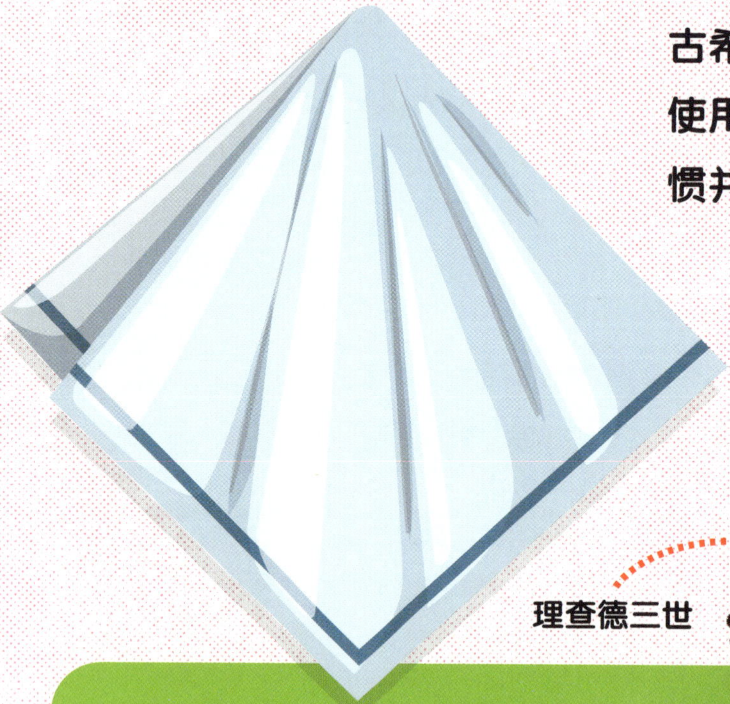

古希腊人和古罗马人可能使用过手帕，不过这个习惯并没有流传下来。

传说，在 1377 年到 1399 年统治英国的理查德三世在位期间，人们才开始使用现代手帕。他的臣子们写道，他用一块方巾擦鼻子，而当时这种方巾通常是用来盖住头部的。想象一下，如果你用围巾擦鼻子的话身边的人会怎么看你。

不仅仅是鼻子

人们还用纸巾擦拭身体的其他部位。

厕纸可能看起来像个很新的发明，但是在中国，有钱人在 2200 多年前就开始用纸巾擦屁股了。

在世界的其他地方，人们用布料、植物，甚至是石头来擦屁股，或者用水洗屁股。

在古罗马，当时人们一般用一端有海绵的木棍擦屁股。海绵在使用完之后会被冲洗，然后放在一个装满醋的坛子里。

最早的现代商业化厕纸由约瑟夫·加耶蒂于 1857 年在美国发明。

把它冲掉

从在地上挖一个洞到造出简单的下水道系统，人们在发明冲水马桶前想出了各种办法把排泄物冲走。最早的简易冲水马桶有可能发明于约 6000 年前的印度，或者约 5000 年前的苏格兰。

最早的现代马桶雏形在 1592 年由约翰·哈灵顿爵士，英国女王伊丽莎白一世的教子发明。他给自己与女王各制作了一个，而随后的近两百年里，人们几乎都沿用了这一设计。

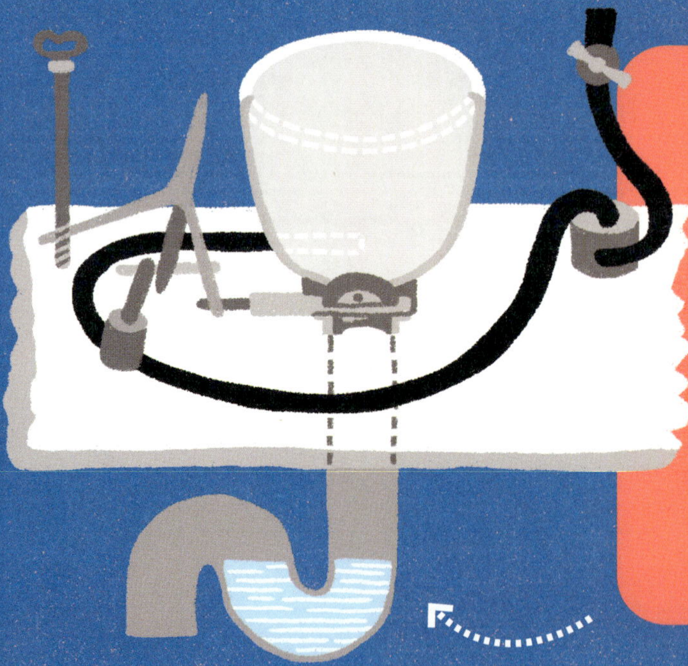

在 1776 年，钟表匠亚历山大·康明斯给马桶底下的弯管加入了一个 s 形的弯来阻挡臭味。随后马桶变得更受欢迎了。但在 19 世纪，一个城市里每一百个人才拥有一个马桶。

灯泡一亮的瞬间

人们觉得托马斯·爱迪生在 1879 年发明了灯泡，但事实并没有那么简单。

英国化学家汉弗莱·戴维最早发现给一段细金属丝通电会让它发光，但是他没有找到让这段金属丝持续发光的方法。另一个英国化学家沃伦·德拉鲁通过将铂金置于真空中解决了这个问题。然而，铂金高昂的价格和创造真空环境的难度让这项发明由于经济原因没能推广。

约瑟夫·斯旺在 1878 年改用了一段细碳线作为灯泡的灯芯。

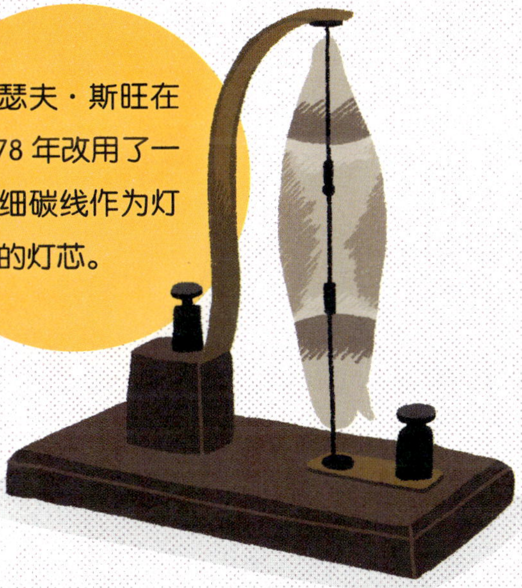

爱迪生的贡献是发明了更易创造的真空环境和更细的碳丝——把已有的东西改进得更好。

胶带的黏性不够

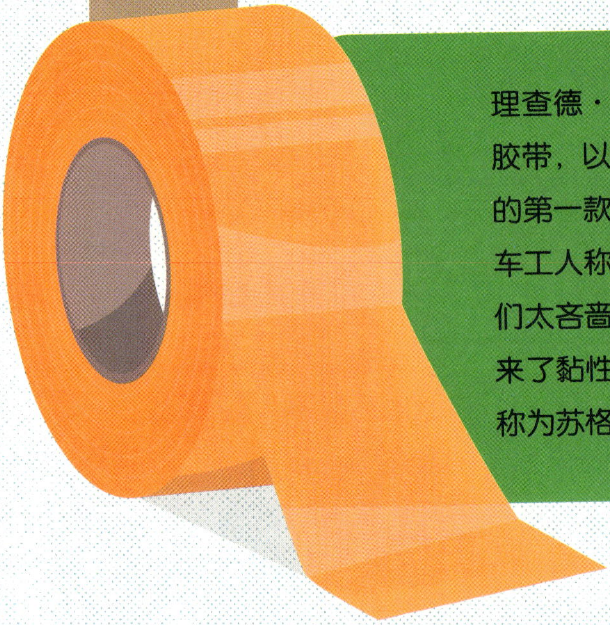

理查德·格利·德鲁于 1925 年首次发明了美纹纸胶带，以帮助人们给汽车喷漆时保持边缘清晰。他的第一款胶带因为黏性不够而掉了下来。沮丧的汽车工人称德鲁的胶带为“苏格兰老板”，意思是他们太吝啬，不愿意使用足够的胶水。虽然后来他带来了黏性更强的胶带，但在美国，这种胶带仍然被称为苏格兰胶带。

德鲁于 1930 年发明了第一款透明胶带。尽管那时正值大萧条（一个普遍贫困的时期），它还是取得了成功，因为它帮助人们通过修补物品（而不是购买新物品）来节省钱。

针……可能是致命的

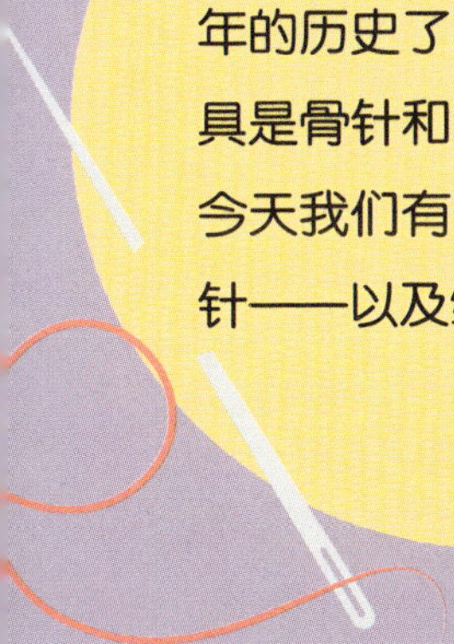

人们缝制衣服已经有近两万年的历史了，最早的缝制工具是骨针和动物筋做的线。今天我们有干净的线和金属针——以及缝纫机。

法国裁缝巴尔泰勒米·西蒙尼尔于 1830 年制造了第一台可以工作的缝纫机。其他裁缝们看到它威胁到他们的生意，愤怒地烧毁了他的工厂，不顾西蒙尼尔还在工厂里。

在美国，沃尔特·亨特于 1834 年发明了一台缝纫机。当他想到很多人可能因此丢失工作时，感到良心不安，所以就没有注册他的发明。后来，1844 年，英国发明家约翰·费舍尔发明了“锁针”缝纫技术，使用两条线，一条在上，一条在下。这种技术一直被人们沿用到现在。

让你能带很多行李的发明

令人惊讶的是，直到1970 年才有人想到在手提箱上安装轮子。

当伯纳德 · D. 萨多苦于搬运两只沉重的手提箱时，他看到一个机场工作人员用有轮推车搬运大型设备，于是萌生了一个发明想法。

他制作了一个有轮子的手提箱，并尝试向一些商店销售，但起初并不成功。商店店主告诉他，男性不会买这种东西，因为他们不想因此显得软弱无力。但是事实上男性还是购买了这种产品，尽管它上面有让他们看起来很无力的四个轮子。

1987 年，西北航空的飞行员罗伯特 · 普拉斯发明了现代的有伸缩拉杆和两个轮子的直立滚轮行李箱。

被垄断的《大富翁》

广受欢迎的桌面游戏《大富翁》由查尔斯·达罗于1935年在美国申请了专利。据说达罗在大萧条时期发明了这个游戏，以提醒他和家人艰难的日子终将过去。他把这个游戏卖给了帕克兄弟公司，《大富翁》于是成为了畅销游戏，致力于让每个人都变得富有。

大富翁游戏棋子

但这并不是全部。有一个非常类似《大富翁》的游戏，叫《地主游戏》，早在30年前由伊丽莎白·马吉发明。她设计这个游戏的目的是有教育意义的：让人们了解经济垄断的弊端，即当一个小团体控制了大部分财富和生意时会带来糟糕的问题。

作为减压工具的悠悠球

悠悠球可能起源于中国古代，但在约 2500 年前的古希腊首次出现了记载。

从 1765 年起，现代悠悠球开始在欧洲传播，据说来自印度。它在贵族中很受欢迎，用于放松休闲。法国大革命期间，一些法国贵族在被行刑前就在玩悠悠球，拿破仑的军队在 1815 年滑铁卢战役前夕也用悠悠球来放松。

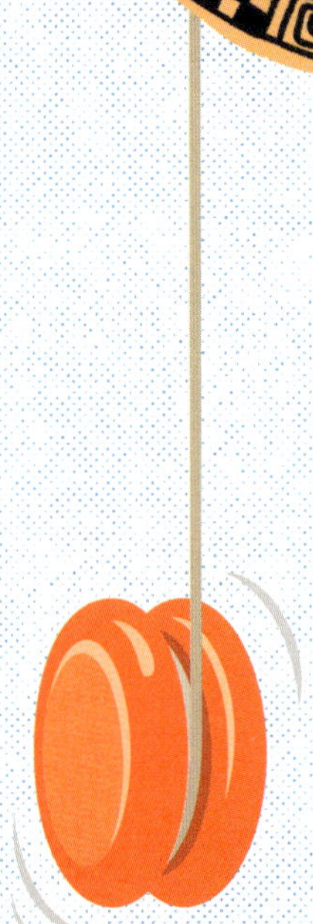

与此同时，菲律宾人完善了木制悠悠球的现代设计，并在 20 世纪 20 年代将其引入美国。

为大众提供电力

第一个电池是由意大利科学家亚历山德罗·伏打在 1800 年发明的。它由铜盘和锌盘组成，中间夹着浸泡在盐水中的布或纸板圆片。导线将两端金属圆片连接在一起形成一个完整的电路。他的电池被称为“伏打电池”。

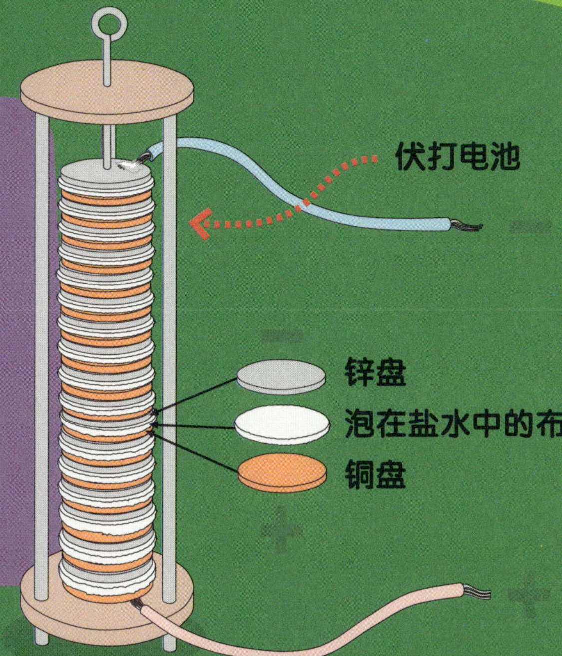

这种电池是通过电子从一种物质转移到另一种物质发生的化学反应来产生电能的。它不是那种可以放进手电筒或自行车灯里的电池。

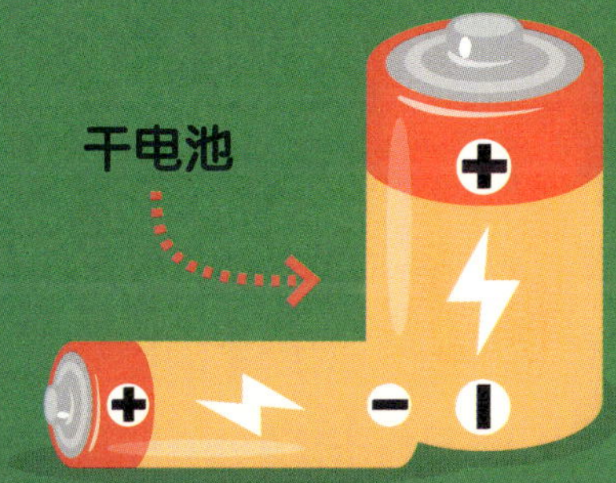

第一个不会溢出内容物的干电池于 1886 年发明。批量生产的电池于 1896 年开始销售，它使小型电器的出现成为可能。

发出一束光

干电池的发明使手电筒成为可能。在此之前，人们必须使用灯笼或燃烧的火把作为便携式照明用具，但这些东西难免存在火灾风险。

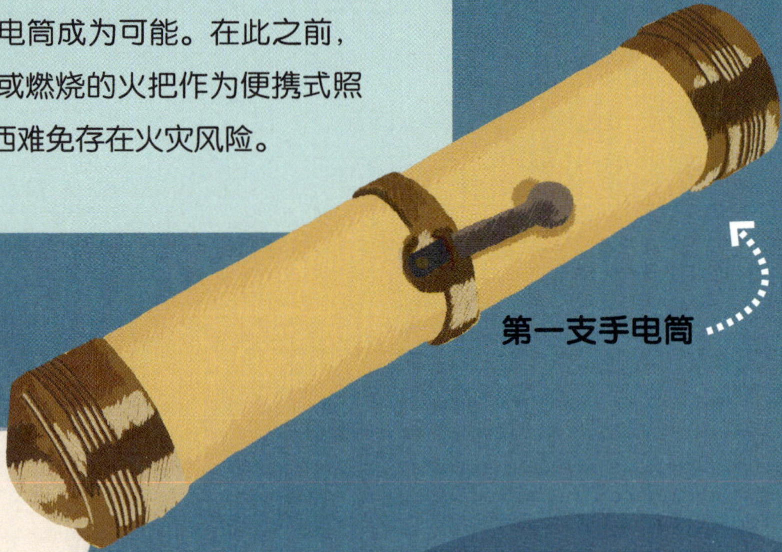

第一支手电筒是由英国发明家大卫·米塞尔于 1899 年发明的。它由一端连接电池，另一端装有灯泡和反光镜的纸板管组成。米塞尔将一些手电筒赠送给纽约市警察局，这是一个聪明的举动，因为这为他赢得了宣传的机会。

最早的手电筒非常昂贵，但亮度却不高，而 1904 年改进了灯泡和电池后，它们变得更实用、更受欢迎了。与灯笼不同的是，它们可以立即打开。

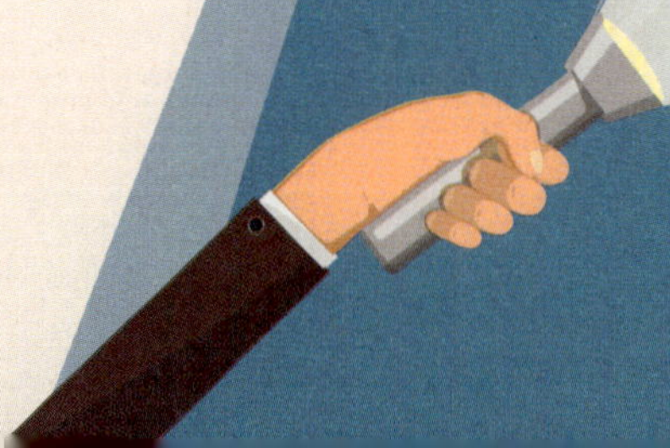

咔嚓咔嚓

早期的剪刀

最早的剪刀是在约 3000 年至 4000 年前的中东使用的“弹簧”剪刀。它们有两个通过薄金属带连接的刀片。受到挤压时刀片会合拢，切断夹在其中的东西。这种样式的剪刀在世界各地使用了数百年。

带有用铰链连接的刀片和把手的现代剪刀由罗伯特·欣克利夫于 1761 年在英国谢菲尔德发明制作，之后迅速变得流行。起初，他把把手做得很坚固，并在把手上开了洞，便于使用者的手指穿过。

娱乐与游戏

侦探类桌面游戏《线索》由退休法律书记员安东尼·普拉特于 1944 年发明。

任天堂于 1989 年发明了掌上游戏机。

乒乓球，发明于 19 世纪 80 年代，当时网球运动员在天气恶劣时不得不将他们的比赛搬到室内进行。

捕鼠夹游戏最初发明于 1963 年。玩家需要竞争搭建塑料捕鼠夹并抓住对方的老鼠。

电子宠物拓麻歌子由横井昭弘和万田昭在 1996 年发明于日本。

问答游戏《琐事追击》由两名加拿大人克里斯·哈尼和斯科特·阿博特于 1979 年发明。

桌面游戏飞行棋（或称印度十字戏）起源于约1500年前的印度十字戏游戏。19世纪末由英国人带入欧洲。

文字游戏《拼字游戏》由美国人阿尔弗雷德·莫舍·巴茨于1938年发明。

田尻智在1989年想出了《口袋妖怪》这个点子。首款游戏于1996年发布。

乔治·汉斯堡于1919年发明了弹跳杆。第一批运输的“弹跳杆”在海上航行中腐烂了，所以他重新设计了金属版本的弹跳杆。

芭比娃娃由美国人露丝·汉德勒于1959年发明。第一款黑皮肤的芭比娃娃于1980年发布。

计算机游戏和计算机几乎同时出现

第一种计算机游戏是井字棋。在 1950 年的一个展会上展示的一台计算机中安装了井字棋游戏，但它的目的只是通过展示计算机的功能来给人留下深刻印象。

第一个真正为了娱乐而制作的游戏是 1958 年的《双人网球》。这是一个需要通过屏幕来玩的网球游戏，玩家必须通过屏幕来看到击“球”的轨迹。

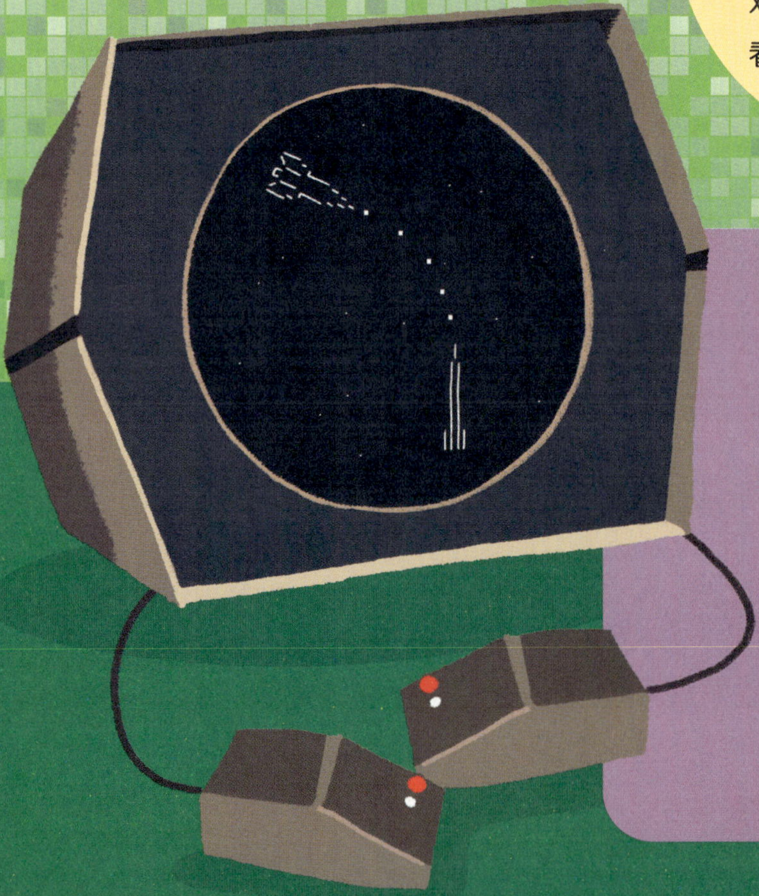

第一款非单机游戏是《太空大战！》。它由美国斯坦福大学的学生于 1961 年发明，并很快出现在其他大学的计算机上。两名玩家各自控制一艘飞船，使用专门的控制器进行对战。

为所有人带来乐趣

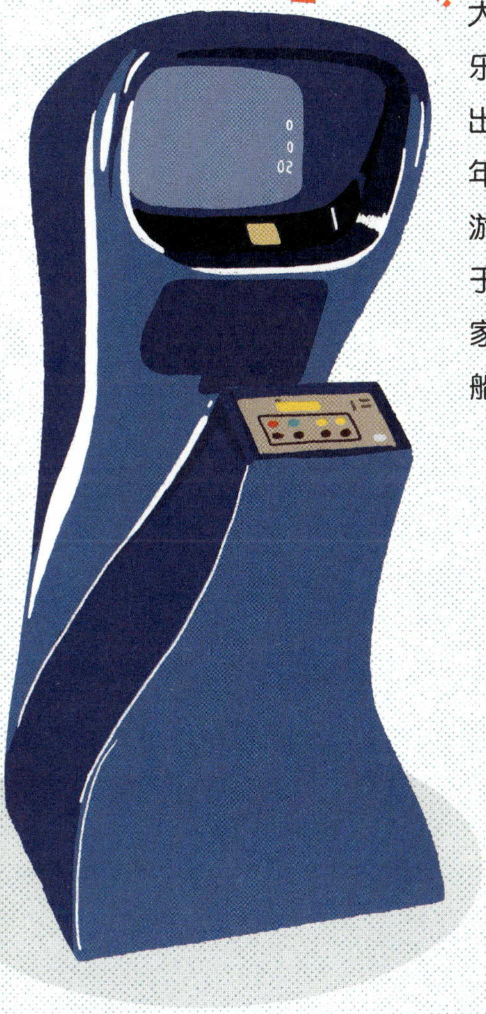

计算机游戏逐渐从大学走向酒吧和俱乐部，投币游戏机出现于 20 世纪 70 年代。最早的该类游戏《电脑空间》于 1971 年发布。玩家必须从他们的飞船上射击飞碟。

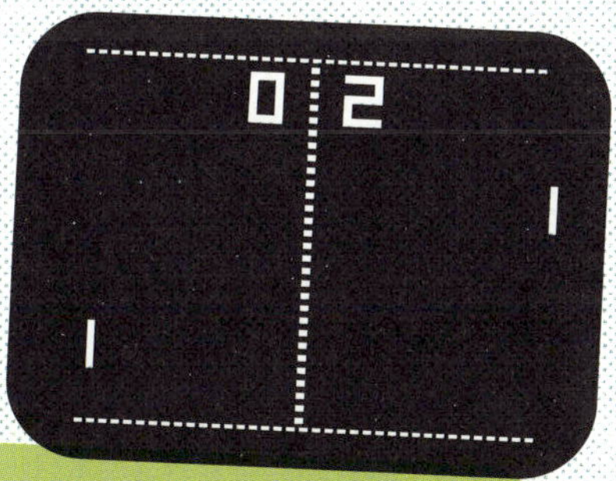

真正推动并使计算机游戏普及的是雅达利公司于 1972 年推出的名为《乒乓》的简单乒乓球游戏。

很快，人们不仅想在游戏厅玩游戏，还想在家里玩。最早的游戏机只能玩一个游戏，但到了 1976 年，首款能够切换不同游戏的家用游戏机——仙童视频游戏机出现了。现代计算机游戏的时代由此开启。

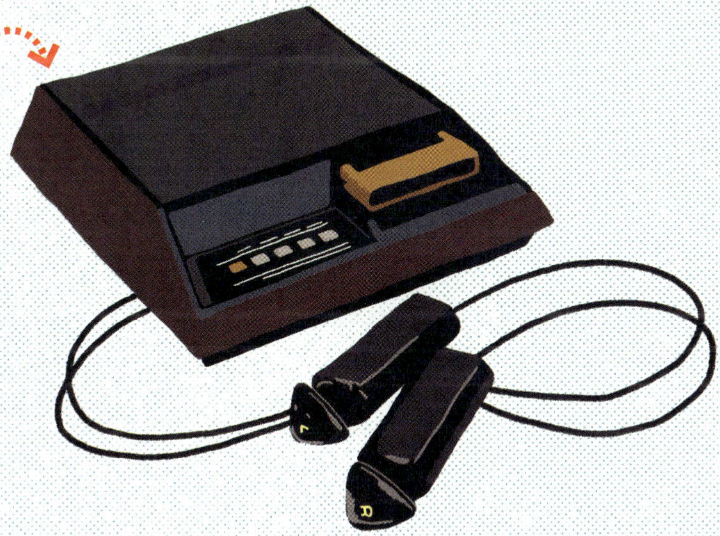

交换！

现在集换式卡片已经成为一种独立的产品，但最初是免费赠送的。

1900 年时，已有 300 家公司生产收藏主题的卡片集，包括体育和自然等题材。孩子们开始向大人索要这些卡片，收集和交换它们。

1888 年，两家烟草公司开始印制带有广告的卡片并放入香烟包装中。两年后，这些广告被换成了其他题材的图片。

二战期间，纸张短缺导致香烟卡停止生产。战后，卡片被放入到其他产品中，如英国的茶包和美国的口香糖。1951 年时，卡片首次不再和口香糖一起，而是单独销售。

弹簧台灯

安格泡台灯是一款可以调节灯光方向并保持不动的台灯。

让台灯保持在一个位置似乎很简单，但直到 1934 年，一位汽车设计师乔治・卡瓦尔丁发明了一种新的弹簧和杠杆部件后，这种台灯才出现。卡瓦尔丁在 1932 年发明了杠杆系统，随后才寻找使用它的方法。为此，他提出了可调节工作灯的发明想法。

为飞机设计的特别版安格泡台灯于 1939 年问世。它完全由非磁性材料制成，以免干扰飞行仪器。

用于枪伤的胶水

哈里·库弗试图找到一种用于制作射击瞄准具的透明塑料。为此，他发现了一些物质，但它们有一个恼人的特性，就是能永久粘住所接触到的一切。九年后，库弗出于另一个目的再次测试这些化学物质，并再次发现它们太黏了。然后他意识到可以利用这些黏性非常强的化学物质制作超级胶水——强力胶。

在越南战争期间（1955–1975），医护人员发现，如果将强力胶用于粘合开放的伤口，受伤的人几乎立即就会停止出血。这挽救了数百万人的生命。现在，特殊的医用级强力胶被用于闭合伤口。

由火提供动力的灭火器

已知的第一个灭火器是由英国化学家安布罗斯·戈弗雷于1723年发明的。它由一个盛有灭火液体的容器和一个盛有火药的小锡罐组成，火药连接到一个保险丝系统。使用灭火器时，需点燃保险丝（找到点燃它的东西显然不是问题），随后火药会引发小型爆炸，将灭火液体喷在火上。

最早的现代干粉灭火器是由英国陆军上尉乔治·曼比于1818年发明的。它含有约13.6升储存在压缩空气中的“珍珠灰”（碳酸钾）。

涂油漆

当加拿大人诺曼·布雷基发明油漆滚筒时，他希望使房屋装饰变得更容易，以此赚取可观的收入。不过他没办法快速生产足够多的滚筒来销售。他的滚筒主体部分是一个圆柱体，上面覆盖了布料，可以吸收油漆，当滚筒滚动时可将油漆涂抹在墙上。

如此简单的设计很快就被别人抄袭了，其他人把他的设计做了一些小小的改动，然后注册成为了自己的发明，这导致许多人赚得比布雷基本人多得多，而布雷基本人却死于贫困。

墙纸（和气球）

自 16 世纪初以来，人们一直用纸装饰墙壁。起初，这些墙纸上并没有重复的图案，而是由若干张纸拼成的大幅图画。

有图案的纸在 18 世纪开始流行。大多数墙纸是在英国或法国制造的。

一些最好的手工印刷纸是由法国制造商让－巴蒂斯特·雷维永生产的。其中一张于 1783 年被用在孟格菲兄弟的第一个热气球的外部。

第一台印制不同色调墙纸的机器于 1785 年由克里斯托夫－菲利普·奥贝尔坎普在法国发明。

快速吹干

最早的吹风机是为美发沙龙发明设计的。亚历山大 – 费迪南德 · 戈德弗罗伊于 1888 年在法国的一家美发沙龙推出了他的“美发装置”。它有一个罩子，覆盖在客户的湿发上，它的另一端连接在煤气炉的烟囱管上。它吹出来的风并不大，而且设备固定在一个地方，使用起来非常不方便。

早期吹风机

加布里埃尔 · 卡赞吉安于 1911 年第一个注册了吹风机的发明。第一款手持吹风机在美国诞生，并在 20 世纪 20 年代开始流行。

像钟表一样工作

机械钟表含有一套齿轮结构，一般利用发条恢复变形所释放的能量作为驱动能源。

已知的最早的齿轮结构是安提凯希拉机械，它是由 2000 多年前的古希腊发明的，并于 1901 年在一艘古代沉船中发现。它被用于计算和预测太阳及月亮在天空中的运动轨迹。

在随后的 1000 多年间，欧洲人似乎忘记了齿轮，直到通过伊斯兰世界重新引入。大约在 1300 年，欧洲城镇开始建造带有齿轮的钟楼。但它们只有一根指针用来指示小时，所以那时人们没法精确计划自己的行程。

时间到！

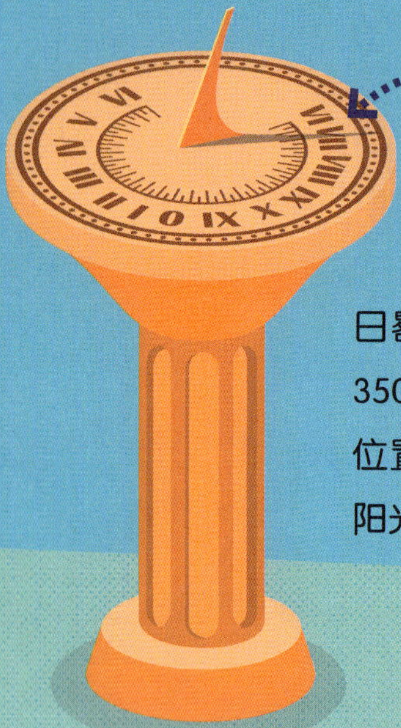

日晷是最早的计时装置，至少有3500 年的历史了。它通过阴影的位置显示大致的时间——如果有阳光的话！

沙漏大约于 1300 年前在欧洲发明。

最早的表是挂在项链上的，通常很厚，诞生于15 世纪晚期。它们只有时针。

意大利科学家伽利略发现了钟摆的工作原理，并在 1637 年设计了一款钟，但没有把自己的设计制作出来。

荷兰天文学家克里斯蒂安·惠更斯于 1656 年在钟上加装了钟摆，这使得钟在动力不足时也能保持准确。

第一款数字怀表使用机械数字显示时间，由奥地利工程师约瑟夫·帕尔维伯尔于1883年发明。他称其为“跳时表”。

乔斯特·伯吉于1577年首次为钟添加了分针。

1787年诞生的第一款机械闹钟只能在早上四点响起。

一款可以设置在任意时间响起的可调闹钟于1876年问世。

1912年，第一款由电池供电的时钟面市。

瑞士发明家约翰·哈伍德在1923年制作了第一款自动上弦手表。

装袋或入桶

在有垃圾袋之前，人们不得不清洗臭烘烘的垃圾桶。

在 20 世纪 50 年代，加拿大发明家弗兰克·普隆普开始在他的厨房制作聚乙烯薄膜垃圾袋。他起初将它们卖给医院和企业，因为它们能使人们省下清理垃圾桶的费用。1962 年，他说服了温哥华附近滑铁卢镇的居民使用这些袋子。他制作了专门的绿色垃圾袋用于装家庭垃圾，这样它们在等待被收走时就不会显得难看。

现在，垃圾袋被认为是一个非常糟糕的发明。它们不能被生物降解，因此会导致环境被破坏。

让食物保温

保温瓶非常适合用于冬天带热汤去户外，或者在炎热的夏天带冷饮。

1892 年，英国科学家詹姆斯·杜瓦发明了保温瓶。他将瓶子放入另一个瓶子中，并抽出两个瓶子之间的空气，使瓶子之间形成真空环境。这意味着热量无法通过对流在两个瓶子之间传递。然后，他在内瓶的表面加了一层反光箔，以反射辐射热回到瓶中。

他本可以因此变得富有，但他没有注册他的发明。两名德国玻璃吹制师抄袭了他的发明，并制造了自己的保温瓶，成立了公司，从而获利。

编织天才

现在，人们动手编织大多是因为兴趣。但在以前，编织是一种很重要的做衣服的方式。

第一台编织机于 1589 年发明，使制衣过程更快了。

英国牧师威廉·李制造了第一台编织长袜和短袜的机器。它模仿人类编织的动作，但需要至少同时使用 8 根针。这可能是一种糟糕的发明。

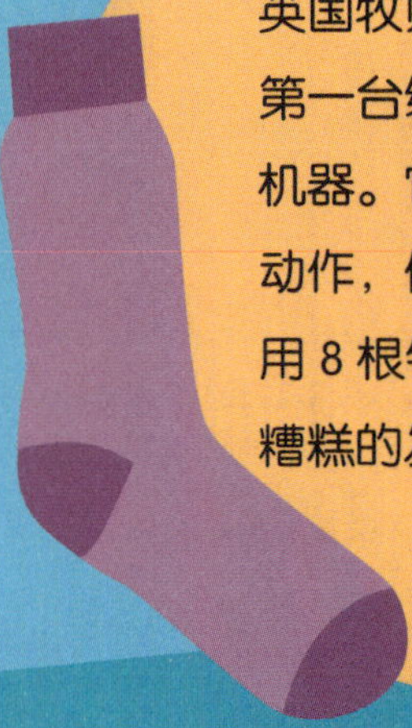

英国的伊丽莎白女王拒绝让他注册他的发明，因为这会让编织工人失业。他仍然与一个合伙人一起开始做生意，但合伙人于 1603 年因叛国罪被处决。他后来移居法国，但在 1614 年死于贫困。

液体肥皂……瓶装的液体肥皂！

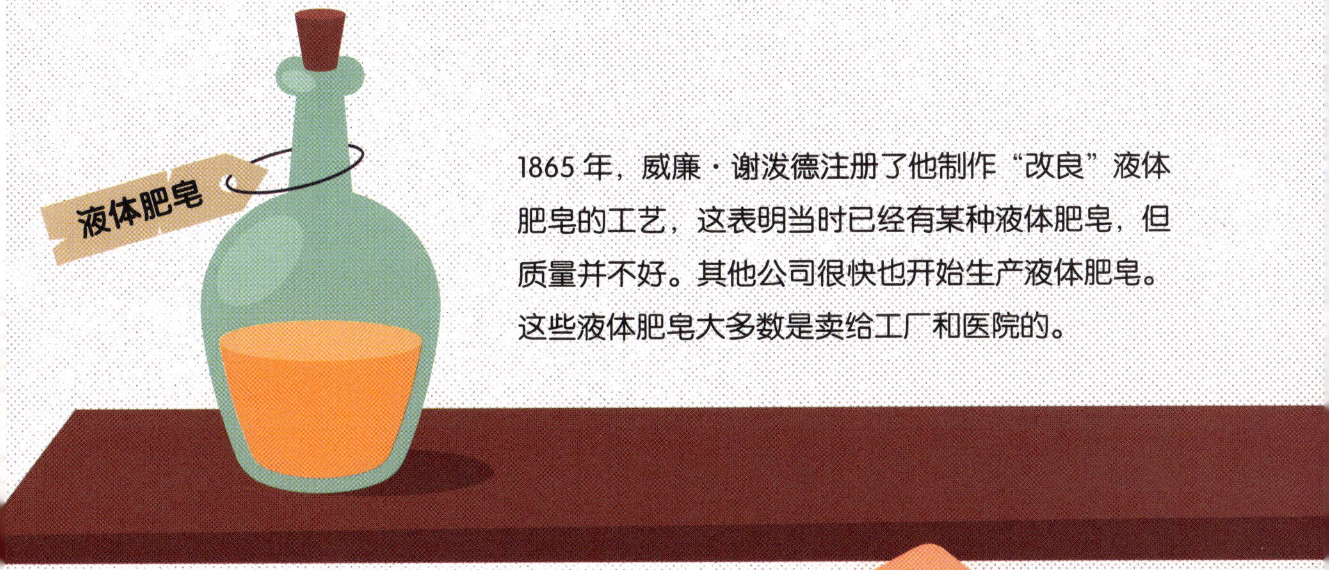

1865 年，威廉 · 谢泼德注册了他制作“改良”液体肥皂的工艺，这表明当时已经有某种液体肥皂，但质量并不好。其他公司很快也开始生产液体肥皂。这些液体肥皂大多数是卖给工厂和医院的。

直到 1980 年，家用液体肥皂才出现。明尼通卡公司在明尼苏达州推出了他们的液体肥皂，但他们知道其他公司会尝试进入这个市场。为了保护生意，他们买下了所有塑料皂液瓶的供应。而没有人会买非瓶装的液体肥皂！到1987 年，明尼通卡公司几乎垄断了市场。

有的发明带来了危害

棉花轧棉机是一种机械装置，用于将蓬松的天然棉纤维与其内部的种子分离开来。最早的轧棉机在约 1500 年前的印度已经出现。

伊莱·惠特尼于 1793 年在美国发明的轧棉机让种植棉花变得更加有利可图。为了获得更多利润，种植园主购买了更多奴隶来种植和收获棉花，这导致美国的奴隶制加剧。

惠特尼的机器将大团棉絮中的棉纤维拉出来，而种子通过一个金属网掉进下面的托盘里。

《吃豆人》

经典电子游戏《吃豆人》由日本游戏设计师岩谷彻发明，并于 1980 年发布。它是最早的迷宫电子游戏。在游戏里，一个黄色的吃豆人需要完成吃东西的任务并且躲开游戏里的敌人。

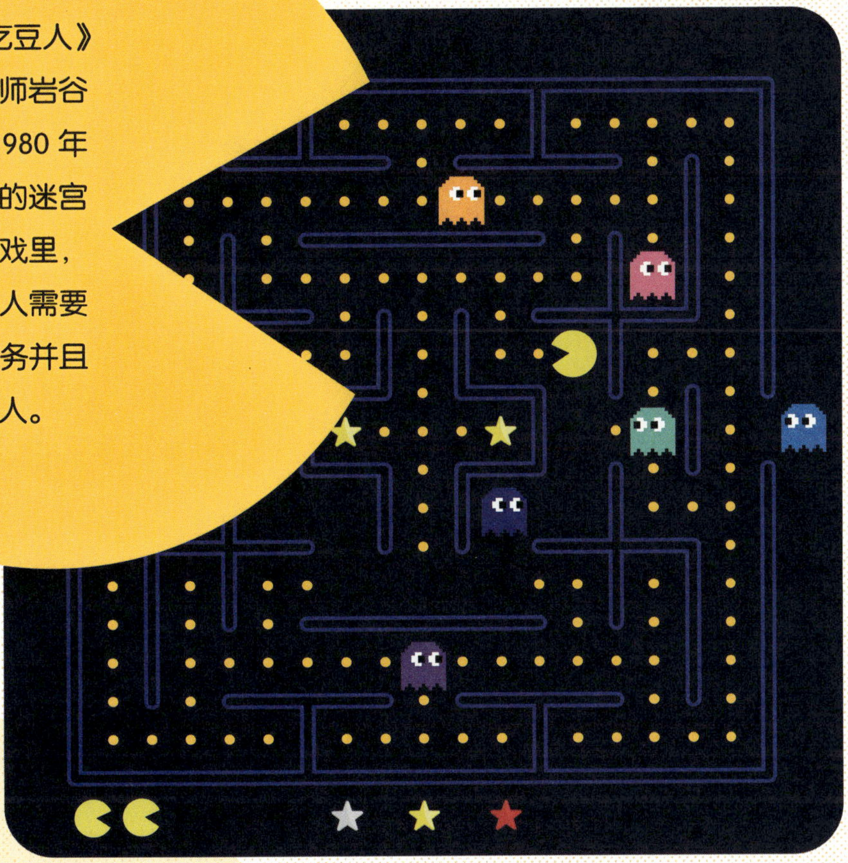

《吃豆人》是世界上创收最高的游戏之一，在 2019 年，它带来了将近 12 亿美元的收入。岩谷彻在发明游戏时是南梦宫游戏公司的员工，因此他并没有从中赚到多少钱。

《吃豆人》最初出现于酒吧和俱乐部的街机，但很快就可以在个人电脑和手持游戏机上玩了。

生产衣物变得越来越快速

约 7000 年前，人们就已经开始使用手持纺锤纺织线或纱线了。

纺织意味着人们可以制作绳索和织物。如果没有织物，古埃及人就没法制作出木乃伊！

纺车出现于约 1000 年至 1500 年前的印度。它可能是印度发明的，也可能是更早由中国发明出来的。

纺车比手持纺锤的生产速度更快。16 世纪早期，人们给纺车加上脚踏板使得它变得更快。

1764 年，英国木匠詹姆斯·哈格里夫斯发明了“珍妮纺纱机”。这台纺纱机可以用一个纺轮同时带动八个纱锭。

他很快增加了更多的纱锭，使纺纱机可以同时带动 120 个纱锭。纺纱从一件大家在家里做的事转变成在工厂里完成的工作。

在织布机上织布始于约 7000 年前的中东。最早的织物是用亚麻织成的。

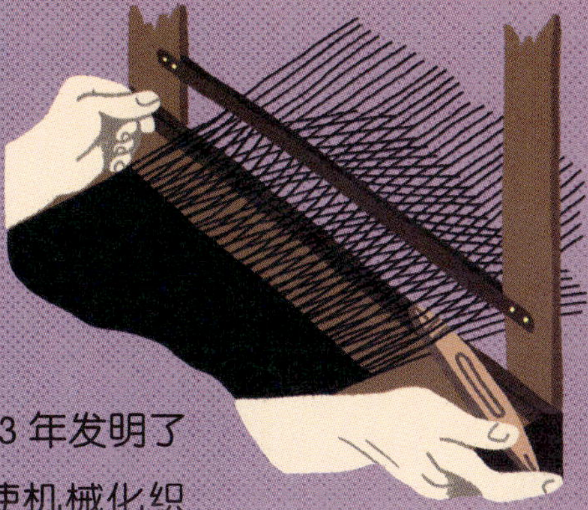

从 1785 年起，织布开始工厂化，成为工业化进程的一部分。

约翰·凯于 1733 年发明了“飞梭”，它使机械化织布变得更快更容易。

1823 年时用钩针编织的钱包

1803 年发明的提花织机可以通过穿孔卡片编程来织图案。这为后来的计算机编程提供了灵感。

编织和缝纫是很古老的技术，但钩针（一种带有金属钩子的针）在 1823 年（可能稍微更早一点）才被发明出来。

海象有多弹？

最早的蹦床是由一群人拉紧的海豹皮毯，有一人则被人们抛至半空后落在上面弹跳！这是因纽特人庆祝鲸鱼丰收节（Nalukataq）的方式之一。

现代蹦床是由乔治·尼森和拉里·格里斯沃尔德于 1936 年在美国爱荷华州发明制造的。他们都是体操运动员。他们发现空中飞人艺术家在安全网上弹跳可以使表演更加有趣，于是他们专门设计了一种特殊的蹦床用于训练特技演员，但很快人们开始将其用作娱乐设备。

有趣的旋转

乔治·华盛顿·费里斯为 1893 年芝加哥世界博览会建造了第一座摩天轮。他的摩天轮一次可以容纳约 1400 名乘客，高达 80.4 米。费里斯是一名桥梁建筑师，致力于展示结构钢材的用处和强度。在他的摩天轮最高点，乘客可以看到方圆 80 公里内的景色。乘坐它转一圈需要 20 分钟。

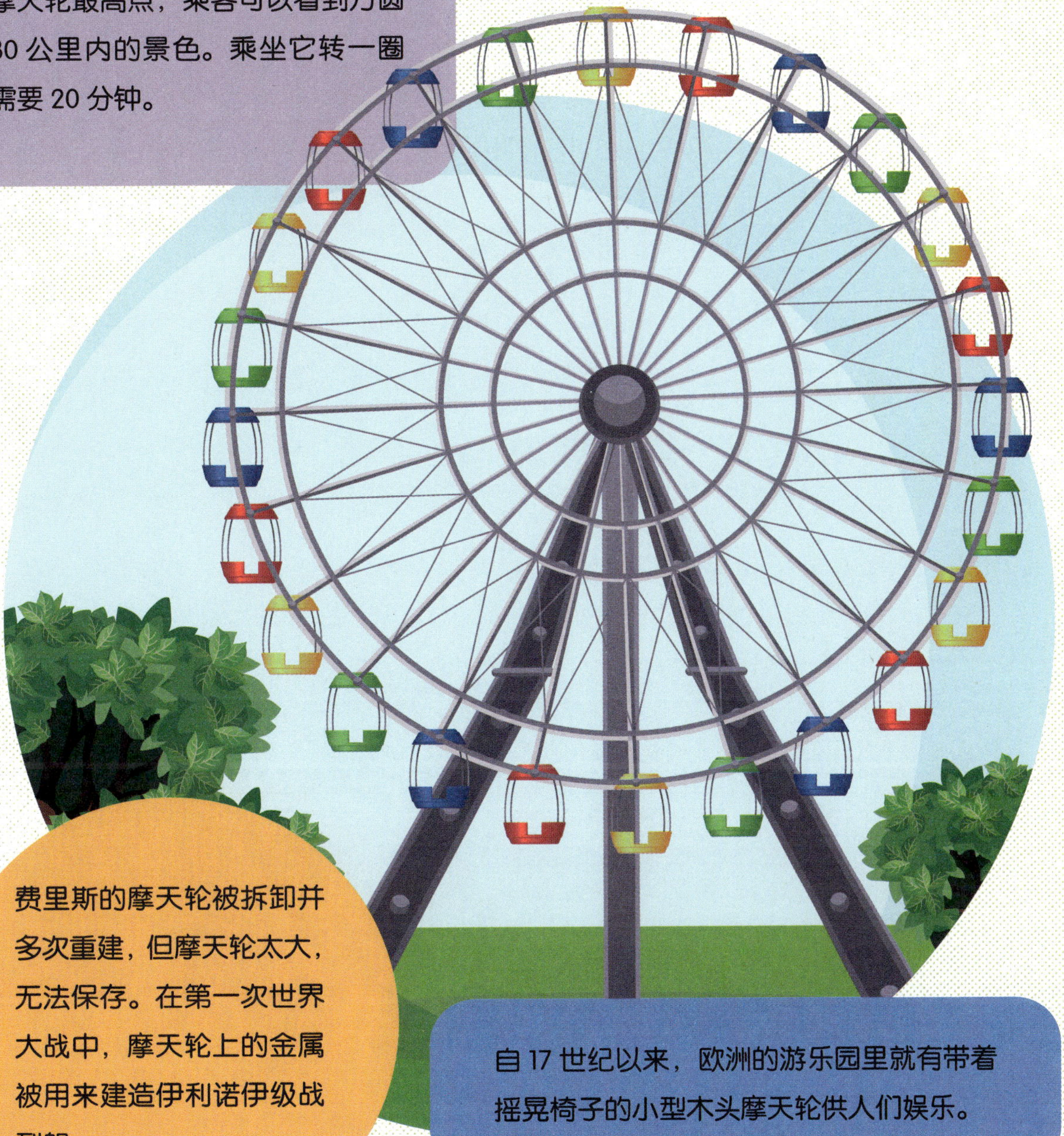

费里斯的摩天轮被拆卸并多次重建，但摩天轮太大，无法保存。在第一次世界大战中，摩天轮上的金属被用来建造伊利诺伊级战列舰。

自 17 世纪以来，欧洲的游乐园里就有带着摇晃椅子的小型木头摩天轮供人们娱乐。

冰与钢的乐趣

现代过山车起源于 17 世纪俄罗斯建造的一种新奇滑道。这些滑道由冰和木材建造，高达 21 至 24 米，坡角将近 50 度，十分刺激。

第一台现代过山车于 1817 年在巴黎投入使用。过山车的车厢在轨道上行驶，而轨道则确保它们沿正确方向行驶——这些安全保障让它们可以高速行驶而不太可能发生灾难。第一台重力折返过山车于 1884 年在美国康尼岛由拉马库斯·阿德娜·汤普森建造。

在模拟世界里重建生活

计算机模拟游戏《模拟人生》是第一款现代模拟游戏，玩家在其中建立家庭和城市，并加入模拟人物。

美国游戏设计师威尔·赖特在他真实的家被1991年的野火摧毁后，想出了《模拟人生》的创意。重建家园并重新购买物品的经历使他试图将这种体验转变为电脑游戏再现出来。他说他还打算将其作为对美国消费主义的批评，并融合了人们如何思考以及他们想从生活中得到什么的想法来设计游戏。

跨越陆地和海洋

如果你有一根橡皮筋，你可以制作一个弹弓。现在弹弓是我们的玩具，但以前它是作为武器而发明的。

古希腊人狄俄尼修斯大帝在约 2400 年前发明了投石机。他在寻找一种新型武器，于是设计出了这种用于投掷大石块的装置。

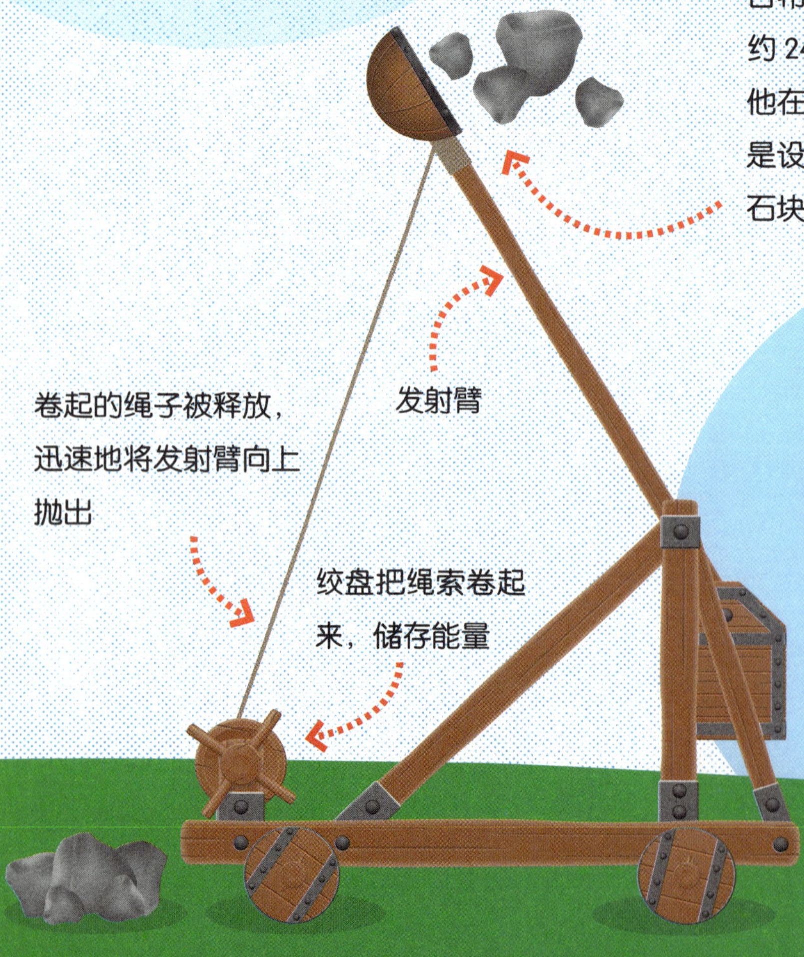

如果你用橡皮筋制作弹射器，那么投掷物体的能量则储存在拉伸的橡皮筋中。古希腊人没有橡皮筋，而是通过将绳索缠绕在绞盘上的方式来拉回弹射器的发射臂。

闪亮的太阳

大约 2000 年前，古罗马皇帝尼禄通过绿宝石来观看竞技场中的角斗士。他有可能是通过它阻挡明亮的阳光，也有可能是把绿宝石当作镜子，观看镜中反射的表演。从约 900 年前开始，中国人通过墨晶来保护他们的眼睛免受阳光的伤害。

因纽特人长期以来使用带有微小狭缝的护目镜来阻挡过于明亮的光线，但这些护目镜没有镜片。

法国化学家拉瓦锡在 1772 年进行聚焦阳光实验时使用了有色玻璃。1913 年，能阻挡有害紫外线的镜片问世。太阳镜在 20 世纪 20 年代开始流行起来。美国人萨姆·福斯特在 1929 年制造了首批量产的太阳镜。

钱，钱，钱……

在钱币出现之前，人们通过交换物品来进行交易。金钱使交易变得更方便。例如，你可以通过卖掉羊来赚钱，用钱买那些不需要羊的人手中的胡萝卜。

第一种货币不是硬币，而是一些有象征意义的物品，如贝壳和珠子。我们所知道的第一批金属硬币大约于 2700 年前在中国、古印度和古希腊附近制造。

纸币大约在 1000 年前的中国首次出现。那时，由于制造硬币的金属短缺，政府发行了纸币。由于携带几张纸币比携带大量金属硬币更方便，因此纸币很快流行起来。

钢琴

钢琴是世界上最受欢迎的乐器之一，但它并不算很古老。

钢琴是由意大利的巴托洛梅奥·克里斯托弗利在约 1700 年之前发明的。他受雇于意大利公爵，负责管理其收藏的乐器。克里斯托弗利不满足于只是管理现有的乐器，因此他发明了一种新型的乐器。

最早的钢琴按键比现代钢琴的要少，并且没有踏板。

一些其他的乐器要比钢琴古老得多。军队在约 3500 年前就使用小号了（虽然那时是更简单的样子，即号角）。在中国发现的鳄鱼皮鼓至少有 4500 年的历史。

狗、刺果和魔术贴

瑞士工程师乔治·德·梅斯特拉尔在 1948 年和他的狗一起在山上散步。当他回家时，他的狗身上沾满了刺果。他把刺果移除之后决定在显微镜下观察它们。看到这些刺果上覆盖着小钩子后，他开始制作使用相同原理的连接件。

八年后，梅斯特拉尔发明了魔术贴。它由两条织物带组成，一条覆盖着微小的塑料钩子，另一条覆盖着微小的环。

魔术贴结构（放大版）

美国航天局开始在 20 世纪 60 年代的太空飞行中使用魔术贴。在此之后，它成功地流行开来。

为兵马俑中的战马设计的扣子

已知最古老的扣子（也叫弹扣或压扣）是由2200多年前的中国发明制造的。一队真人大小的陶俑战士和他们的陶制战马被埋葬在秦始皇的陪葬陵墓中。扣子用于连接陶制战马上的可拆卸缰绳。

现代弹扣是由德国发明家赫里伯特·鲍尔于1885年发明的，这比兵马俑被发掘的时间早了90年。它们最初作为男士裤子上的一种独特且有趣的连接件。

小，但非常有用！

斯蒂芬·佩里于 1845 年发明了橡皮筋，用于捆绑纸张。

第一种可以从罐子里取出直接使用的墙面漆于 1866 年由美国的公司谢尔温－威廉姆斯发明。

奥地利人弗朗茨·格雷特于 1938 年发明了第一支有效的现代防晒霜。

他还在 1962 年制定了防晒霜的防晒等级标准。

图钉或大头针于 18 世纪中期在美国发明。

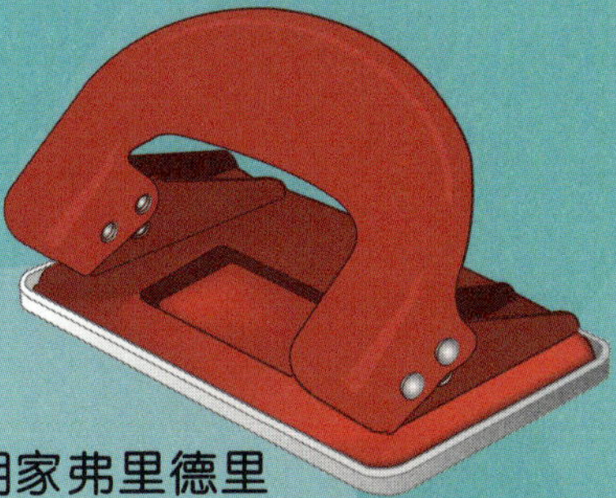

德国发明家弗里德里希·索内肯于 1886 年注册了第一个打孔器的发明设计。

一种能够使钉子变弯的现代订书机于 1868 年出现。

第一个订书机（半成品）于 1867 年发明，它能使钉子穿过纸张，但它没法将钉子弯曲。

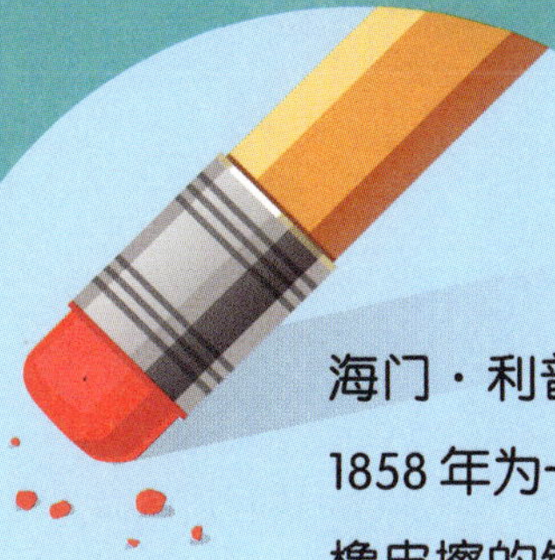

海门·利普曼于 1858 年为一种带橡皮擦的铅笔设计申请了专利。

大约 2500 年前的古埃及有人记载了放大镜。

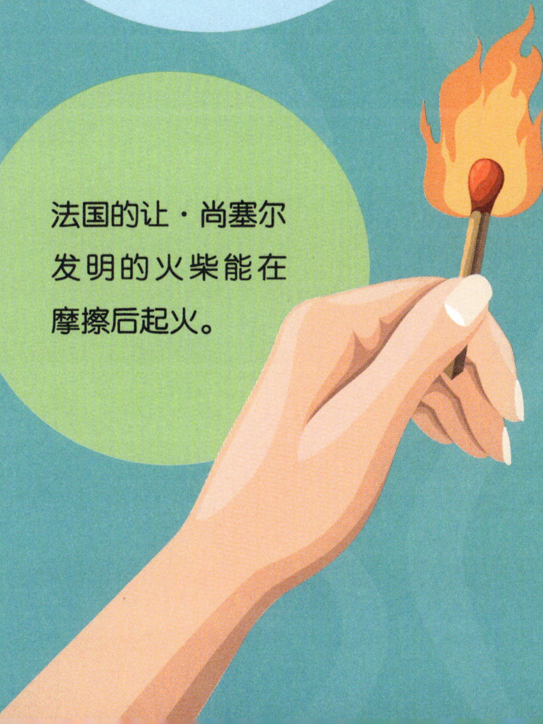

法国的让·尚塞尔发明的火柴能在摩擦后起火。

最早的锁和钥匙在大约 5000 年前诞生于中东。

有些东西太小，人们看不见

——直到显微镜在 16 世纪 90 年代被发明出来。

现在人们已经无法想象东西太小而看不见的感觉了。从虫子的毛发到细菌，显微镜打开了一个前所未有的全新世界。

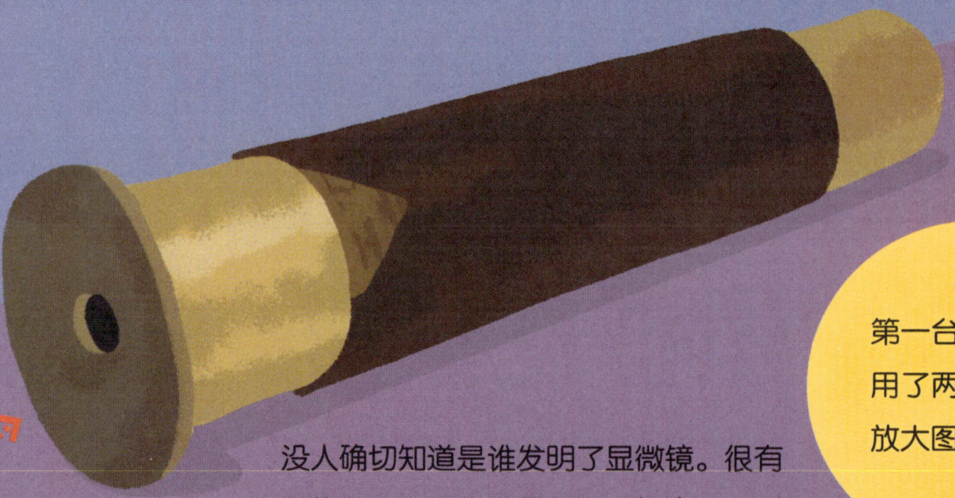

第一台显微镜使用了两块镜片来放大图像。

没人确切知道是谁发明了显微镜。很有可能是汉斯和扎卡里亚斯·扬森，一对住在荷兰的眼镜制造师父子，或是住在同一小镇的汉斯·利珀谢。

望远镜打开了另一个全新的世界——实际上是许多个世界。

太远了看不见

第一台望远镜可能是1608年在比利时或荷兰制造的，发明它的人可能是汉斯·利珀谢。他最早注册了专利，但可能并不是第一个制作望远镜的人。

当意大利科学家伽利略将他改进后的望远镜对准夜空时，他看到了月球上的环形山，带状的银河，地球以外的行星等——多么震撼人心的发现！

望远镜帮助说服人们相信是地球围绕太阳旋转，而不是太阳围绕地球旋转。通过展示其他世界，它引发了人们对外星生命的遐想。

不是每一块吱吱作响的地板都应该被修理

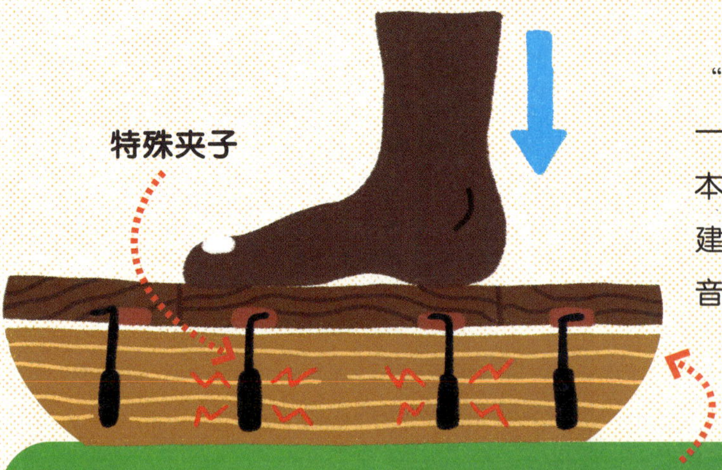

“吱吱作响的地板”听起来不像是一个聪明的发明——但在古代日本，“夜莺地板”是由松散的板条建成的，当人走在上面时会发出声音，可以说是一种警报系统。

从 17 世纪起，一些富人建造了带有木地板的房屋，这些地板板条没有被钉牢。当有人踩地板板条并在上面移动时，松散的板条下的一种特殊夹子会与钉子发生摩擦从而发出声音——踩上去的人可能是一个偷偷摸摸的盗贼或刺客。它们被巧妙地设计成走得越轻，声音越大！

如果你去了日本京都，你甚至可以试着在夜莺地板上走一走。

它能保护你的香蕉

如果你曾在午餐盒里发现一根被压烂的香蕉——你需要一个香蕉保护器。

香蕉保护器是一种塑料盒子，形状像香蕉。你可以把它放在包里，保护你的香蕉不被压坏，不管包里装了多少其他东西。

香蕉保护器现在已经很常见了，但是在 2003 年首次问世时，它们看起来像是一个不切实际的发明。最初的设计雏形被称为“香蕉手提箱”，里面还有一层泡沫衬里，可以让香蕉紧紧贴合。这似乎有点过度保护香蕉了。

把自己变成船

钓鱼最容易的方法是去鱼所在的水域。通常，这需要一艘船，对钓鱼者来说是额外的开支。而 1990 年时人们发明的一个装置可以让你把自己变成船。

钓鱼者坐在一个漂浮的物体上，拖着另一个装有大电池的漂浮物体。电池驱动一个马达，钓鱼者一条腿上的螺旋桨就能转动了。他的另一只脚上穿着脚蹼。一条腿上的螺旋桨负责向前推进，而另一条腿作为舵来控制方向。

你可能不会钓到任何鱼，但你也许会变得很擅长水上芭蕾。

——或者把自己变成自行车

谁需要自行车轮子之间的金属框架？只要你的身体健全，拥有两个手臂和两条腿，也许你就可以成为你自己的自行车框架。

“用身体连接的自行车”是在2004年发明的。这种自行车的前轮两侧有把手供骑自行车的人握住，后轮两侧各有一个小平台供膝盖跪在上面。骑自行车的人的身体是两者之间的唯一连接。

普通自行车的一个优势是它的坚固框架，这意味着轮子之间的距离是固定的。下坡骑行对身体连接的自行车来说可能是一个大问题，因为前轮会随着速度的增加而逐渐比后轮快。

照亮大海——向海上发光

最早的灯塔大约于 2250 年前建造，使用蜡烛或明火作为光源。

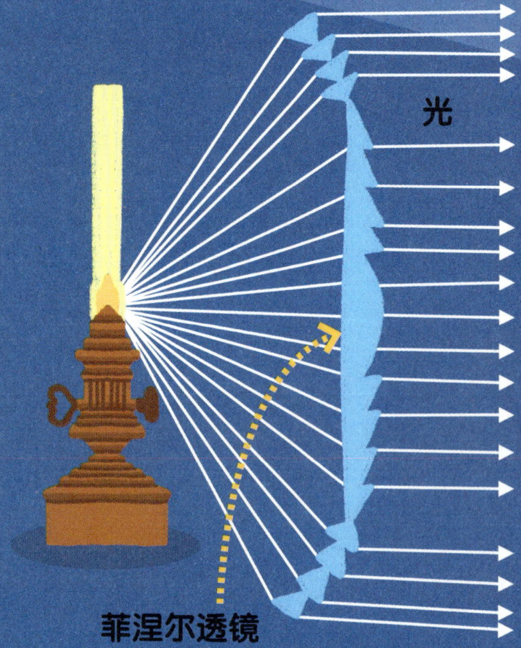

在之后的 1822 年，法国发明家奥古斯丁·菲涅尔发明了一种放大和反射透镜系统，并使用棱镜将灯笼的光聚焦成一束窄光并照射到水面上。菲涅尔透镜首次在法国的灯塔中使用。这种光可以在 32 公里外被看见。

如果没有反射器，大约 97% 的火光将被浪费。但菲涅尔透镜能聚焦并充分利用约 83% 的光。菲涅尔的设计有效地减少了船难从而拯救了无数生命。

希望你不需要用到它——救护车

不过如果你需要的话，那得感谢法国医生多米尼克·让·拉雷。

有不少受伤士兵因为在战斗中没有及时从战场上被带走而去世，拉雷为此很难过。他改造了一辆炮车，使其成为一辆可以在战地上疾驰的马车。他称其为“飞行救护车”。

第一辆民用救护车于 1832 年在伦敦出现，用于运送霍乱患者。这些患者在被送往医院的途中接受治疗，就像在现代救护车中一样。

带宠物蛇出去遛遛

如果你有一只狗，带它散步是很容易的。你在它的脖子上套上项圈并系上牵绳。狗不会从项圈中滑出来，因为脖子的前后部（头和身体）比脖子宽。但是如果你有一条宠物蛇呢？蛇几乎一样粗细。当蛇向前移动时，项圈会沿着逐渐变窄的身体滑下，直到蛇溜走。

幸运的是，2002 年人们发明了一种特殊的遛蛇装置，项圈不会沿着蛇滑动，并且可以连接到带手柄的牵绳上，这样宠物蛇就可以被带出去散步了。

别让狗的耳朵掉进饭里

也许狗觉得蛇戴上特殊的防滑项圈出去溜达很好笑，而人们也发明了一样奇怪的东西给狗用。

耳朵很长的狗，如贵宾犬或西班牙猎犬，可能会在吃饭时把耳朵拖入食物碗中并弄脏耳朵。

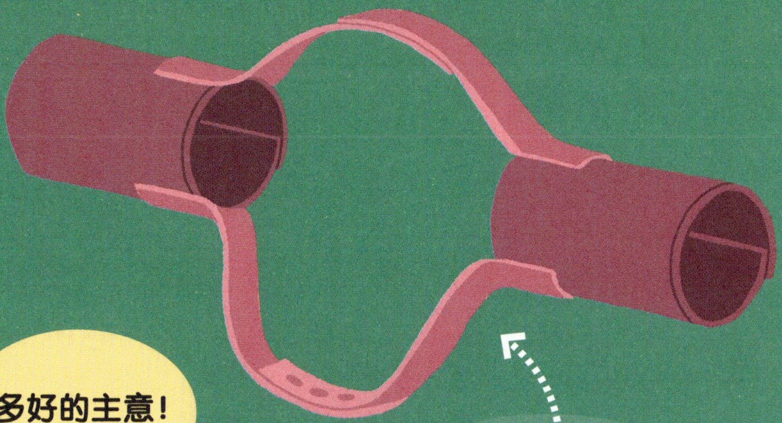

幸运的是，狗可以不用弄脏耳朵了。1979 年诞生的这种坚硬的耳朵保护器可以被系在狗的头上，并水平伸出一截。脖子旁的带子将保护器固定在适当位置。但并没有多少人真的用上了这个发明。

它们的时代曾经来临——但已经过去

在电子计算器诞生之前，人们使用滑尺来计算复杂的乘法和除法。它看起来像一种带有滑动面板的尺子，于 1632 年发明。

小型电子“袖珍”计算器于 1970 年在日本出现。但是现在每个人都使用手机上的计算器应用程序来计算。

第一个电话簿的雏形是 1878 年诞生于美国纽黑文市的一张纸，上面列出了当地的 50 个电话。

在 PDF 出现之前，传真机通过电话线发送图片文件。这一想法可以追溯到1864年，但第一台现代（商业）传真机出现于 1964 年。

曾经用于存储计算机文件的软盘由艾伦·舒加特于 1967 年发明。最早的软盘对角线长度约为 20 厘米。

5.25 英寸（宽约 13 厘米）软

火钢大约在公元前 1200 年发明，用于点火。火钢通过敲击燧石来制造火花。直到火柴发明之前，人们点火依靠的都是它们。

古斯塔夫·图林·斯通于 1965 年发明了塑料购物袋。二十年后，约 75% 的杂货店都在使用它们。现在它们逐渐被淘汰和禁止，因为它们会严重破坏环境。

1876 年，梅尔维尔·比塞尔发明了一种机械式的地毯清扫器，通过旋转刷子把灰尘清扫进一个盒子中。吸尘器已经取代了它。

交易积分于 1896 年由美国发明。商店和其他商家给顾客发放积分，顾客可以积累积分来兑换奖励。这种方式在 20 世纪 60 年代十分流行。

婴儿笼子发明于 1922 年，作为一种让生活在公寓里的婴儿享受阳光和新鲜空气的方法。婴儿被放在笼子里，悬挂在窗外——这听起来很匪夷所思。

点火

我们理所当然地认为可以用火柴点燃生日蛋糕上的蜡烛，或者点起篝火。但直到 1805 年之前，人们都只能用火钢或放大镜来生火。

法国的让·尚塞尔于 1805 年发明了第一根火柴。他将一些化学物质涂在棍子上，然后将其浸入酸中。反应产生了大量的热量，将棍子点燃。它并不安全，因为燃烧时会产生有毒的气体。

第一根能通过在粗糙表面上摩擦的方式点燃的火柴于 1826 年由英国的约翰·沃克发明。

用打火机打火

打火机的发明时间早于火柴。德国化学家约翰·沃尔夫冈·德贝莱纳于 1823 年发明了第一个打火机。它在一个小空间里通过化学反应产生一种易燃气体——氢气，并由打火石点燃氢气。这个打火机被称为德贝莱纳打火机。

大约 2 万个德贝莱纳打火机在德贝莱纳的有生之年被售出，但由于德贝莱纳没有申请专利，他从中赚到的钱其实很少。

与海豚交流

如果我们能与动物对话就好了，但我们的身体结构并不能发出相应频率的声音。没关系——1992 年，迪士尼电影公司发明了一种专门与海豚交谈的键盘。

键盘将按键与图片对应起来，人们通过选择图片按下按键来发出相应的声音。海豚可以用它的鼻子揿按键，或打断与按键连接的光束来触发声音。人类也可以这样做，因此海豚和人类可以用这种方式交流。

发明者认为海豚可以用它来与人类交流，但很难解释海豚为什么会这样做。

裤子的变化

第一条紧身裤是为 15 世纪的男性设计的，而不是为超级英雄设计的。

这些裤子是宽松的，由织物制成，裤腰下方有一个袋子覆盖下半身的裆部。它们不像紧身裤那样贴身，裤腿是略宽松的，与今天的尼龙袜或紧身裤很不一样。18 世纪时，女性开始穿长筒袜。

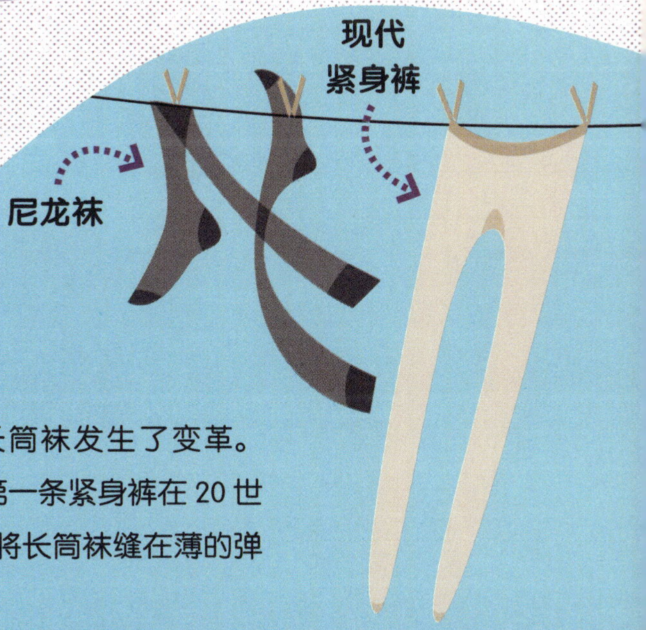

随着 1935 年尼龙的发明，长筒袜发生了变革。1938 年尼龙开始取代丝绸。第一条紧身裤在 20 世纪 50 年代面市。它们是通过将长筒袜缝在薄的弹性短裤上制成的。

告别湿漉漉的麦片

你是否讨厌碗里最后一点麦片变成软塌塌、黏乎乎的东西的感觉？

幸运的是，美国人奥尔顿·戴维斯在 1990 年发明了一种特殊的麦片碗，让人们在整个食用过程中都可以享受脆脆的麦片。

这个碗有两个部分，一个放牛奶，一个放麦片。每次只有一勺麦片通过滑槽进入牛奶碗中。吃完一勺麦片后，会触发下一勺麦片滑落。

钢筋混凝土——用钢筋增强的混凝土——于 1853 年在法国由弗朗索瓦·科瓦涅发明。

比混凝土更强

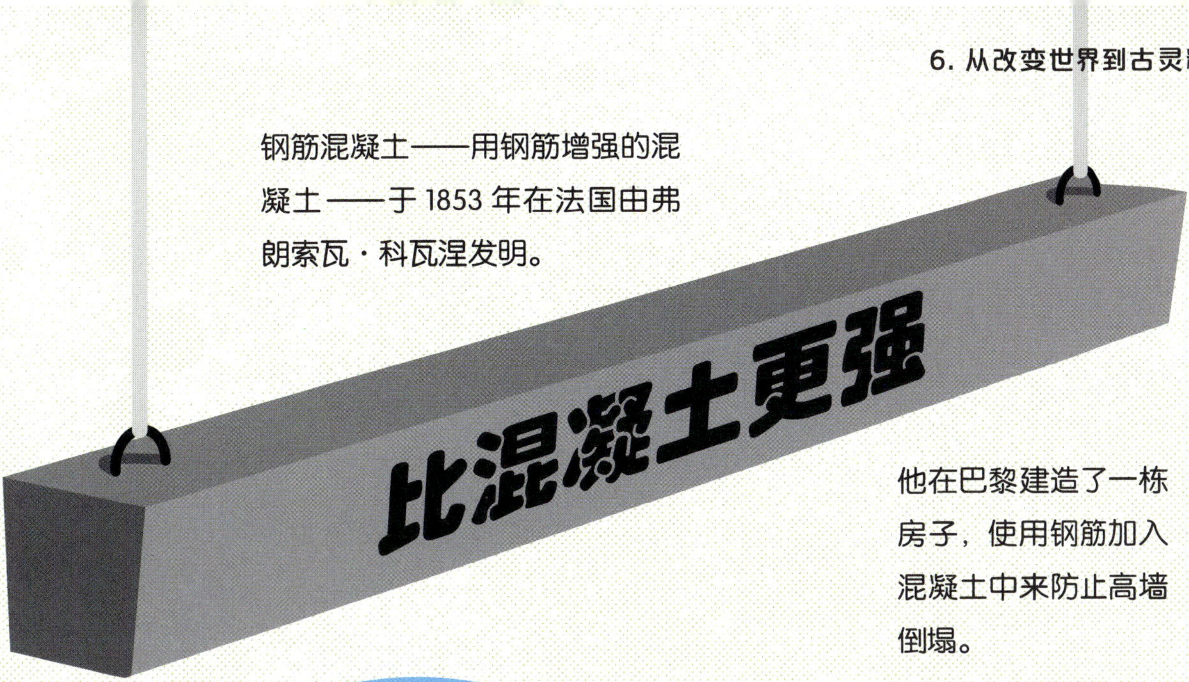

他在巴黎建造了一栋房子，使用钢筋加入混凝土中来防止高墙倒塌。

另一位法国人约瑟夫·莫尼埃在 1877 年极大地改进了它。他为钢筋呈网格状排列的混凝土注册了一个发明专利。莫尼埃是一名园丁，最开始研究的是怎样让花盆变得坚固。钢筋网最初用于制造迫击炮弹。

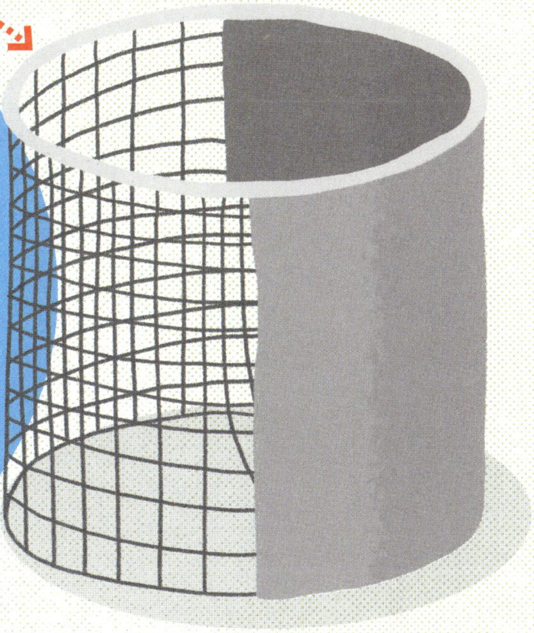

随后，他将他的加强技术应用到混凝土中，现在这种技术被用于世界各地的大型建筑中，如混凝土道路、桥梁和摩天大楼。

这是一个充满物质的世界！

利奥・贝克兰于 1907 年发明了第一种真正意义的塑料，人们称之为“电木”。它很硬且脆，用这种材料制作的门把手很不错。

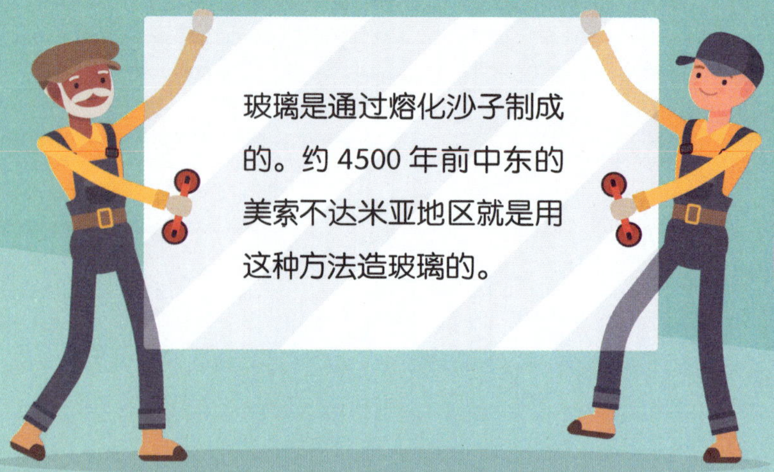

玻璃是通过熔化沙子制成的。约 4500 年前中东的美索不达米亚地区就是用这种方法造玻璃的。

尼龙由华莱士・卡罗瑟斯于 1935 年发明。第一件尼龙制品是牙刷，第二件是长筒袜。

有一种混凝土在约 2700 年前首次被使用到。它被阿拉伯商人用来制造隐藏在沙漠地下的水池。

聚苯乙烯于1839 年由爱德华・西蒙在一次意外中发明，但随后的近 100 年中它都未被重视。1931 年，一家德国公司开始将其作为一种有用的塑料来生产。

雷·麦金太尔在二战期间尝试制造电绝缘体时意外发明了聚苯乙烯泡沫。聚苯乙烯泡沫产品于 1954 年面市。

刨花板或颗粒板是由木屑、刨花或锯末与树脂胶合而成的。它于 1887 年在德国诞生，是一种由木屑和锯末制成的木材替代品。

凯芙拉纤维由斯蒂芬妮·郭勒于 1965 年发明。它的强度差不多是钢的五倍且比钢轻得多——非常适合用来制作防弹背心、宇航服和各种防护装备。

第一块砖在约 10000 年前由黏土和稻草制成，并通过阳光晒干成型。

钢比铁的强度大得多。它通过在熔融铁中加入少量碳制成，发明于约 4000 年前。现代制造钢的工艺于 19 世纪 50 年代发明，推动了美国的工业革命。

第一次大爆炸

中国古代的术士在寻找能让人永生的丹药时，意外发现了一种致命的物质——火药。大约在公元前 850 年，中国古代的术士发明了一种可以产生爆炸和火焰的粉末。它非常危险，以至于一些研究它的人烧伤了自己的手，甚至烧毁了自己的房子。

很快它就被装在箭筒里使用——被点燃后向敌人发射。这些术士同时发明了第一种爆炸性武器和第一种烟火。中国军队则成为了世界上最早使用填装火药的大炮和手榴弹的军队。

一个无法解决的谜题

魔方是由匈牙利建筑师埃尔诺·鲁比克于 1974 年发明的三维谜题。

鲁比克并不是在制作谜题或玩具。他想要一个模型来解释排列组合的问题。他的魔方有六个面，每个面分成九个小方块，颜色分别为白色、蓝色、红色、黄色、橙色和绿色。当他转动行和列时，每个面将变得混乱。越转动，魔方变得越混乱，直到他发现自己无法将它恢复到原样。魔方可以排列成 4300 兆（43,000,000,000,000,000,000）种不同的方式。

鲁比克于 1979 年将他的“魔术方块”作为玩具推出，售出了数亿个，成为有史以来最畅销的玩具之一。

另一次大爆炸——这次是炸药！

瑞典化学家阿尔弗雷德·诺贝尔于 1867 年发明了炸药。他通过将硝化甘油与一种可以吸收它的粉末状矿物混合制成。这种炸药最初被用于在采石场和矿山爆破岩石。1876 年，他制造了一种凝胶状的炸药——明胶炸药。这个发明取得了成功，他也因此变得非常富有。

炸药并不总是被用于好的用途。当诺贝尔的兄弟鲁德维格·诺贝尔于 1888 年去世时，一家报纸错误地报道为阿尔弗雷德·诺贝尔，称他为“死亡商人”，因为他的发明导致了许多人死亡。对此感到不安的诺贝尔设立了诺贝尔奖，用于表彰对科学、文学与和平有贡献的人。

诺贝尔奖奖章

会震动的文身

如果你的手机处于震动模式，即使它在口袋里，你也很容易错过电话或信息。芬兰手机公司诺基亚和发明家佐兰·拉迪沃耶维奇在 2003 年提出了一个简单的解决方案——一种文身，当你的电话响起时它会震动。它可以根据不同的提醒（如电话、信息和警报）调整成不同的振动类型。（它至今还未被发明出来——万幸！）

这种文身由磁性材料制成，可以与手机绑定，并且可以是隐形的。但是，当你换新手机时怎么办？人的一生中需要多少个这样的文身才够用？

有谁需要耙子吗？

——有一条能收集树叶的裤子就够用了。

这种裤子并不是真的裤子，因为它们只有裤腿，不过这点问题并不严重，因为它们能节省很多力气。

这种“裤子”实际上是两条独立的裤腿或“档板”，每条裤腿通过拉链固定在一个网兜上。设计者打算将它们穿在其他衣物的外面，然后沿着掉落的树叶走动，这些树叶被网兜围住并聚集成一堆。不过这听起来可是非常累人的。

有谁需要割草机吗?

剪草是件无聊的事——问问任何一个有草坪的大人。但骑三轮车很有趣。所以为什么不把这两者结合起来呢?

迪安娜·波拉斯于 1982 年发明了一种设备。这是一辆后面装有旋转刀片的三轮车,你骑过草坪时,它会自动剪草。

三轮割草机很安静,不需要使用任何燃料。而且因为它很好玩,人们可以说服他们的孩子们去割草。然而,小孩子经常从三轮车上摔下来,而座位后面紧靠旋转刀片的设计看起来似乎并不安全。

逛购物中心本应该是有趣的

购物中心是由一位奥地利难民维克多 · 格鲁恩发明的，他对在美国城镇和城市周围看到的“无灵魂”郊区感到悲哀。

他于 1956 年在明尼苏达州埃迪纳开设了第一个“购物城”——南山购物中心。他希望它不仅仅是商店，而是可以观看戏剧和音乐会的地方，点缀着雕塑——一个美丽而振奋人心的地方。

美国税法的变化使得购物中心为了规避风险只能建造得粗糙而丑陋，抛弃了令人愉悦的文化部分，转移到最便宜的土地上。购物中心很快进入衰退，格鲁恩十分痛心。

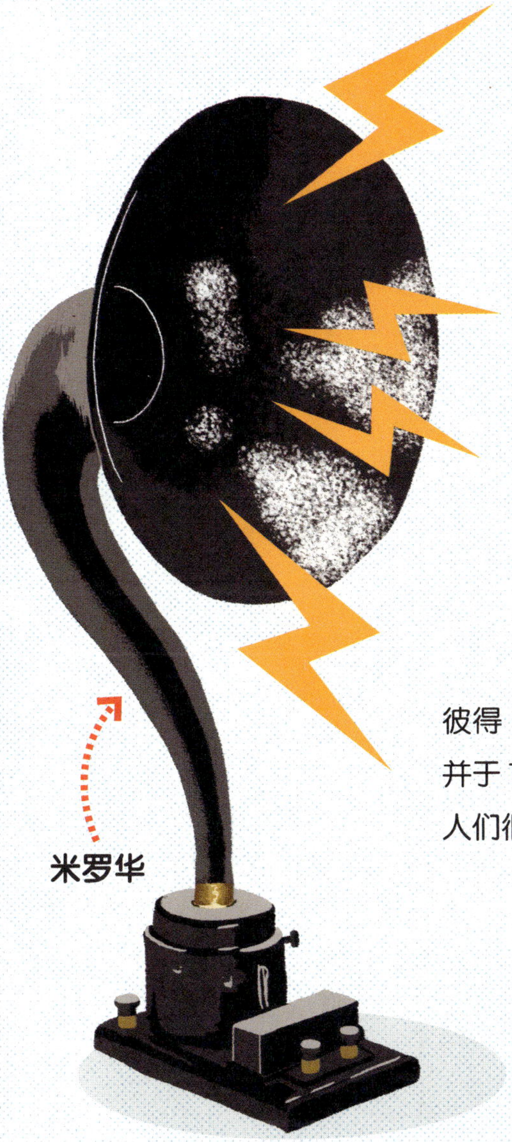

响亮而清晰

扬声器似乎是一个无害的发明。它是由一位丹麦发明家彼得·劳里兹·詹森发明制造的，他于 1909 年移居美国。

彼得·劳里兹·詹森制造了米罗华扬声器来放大声音或录音，并于 1915 年在旧金山进行了一次演示——播放圣诞颂歌。当时，人们很难想象不通过大声吼叫而将声音传到远处的感觉。

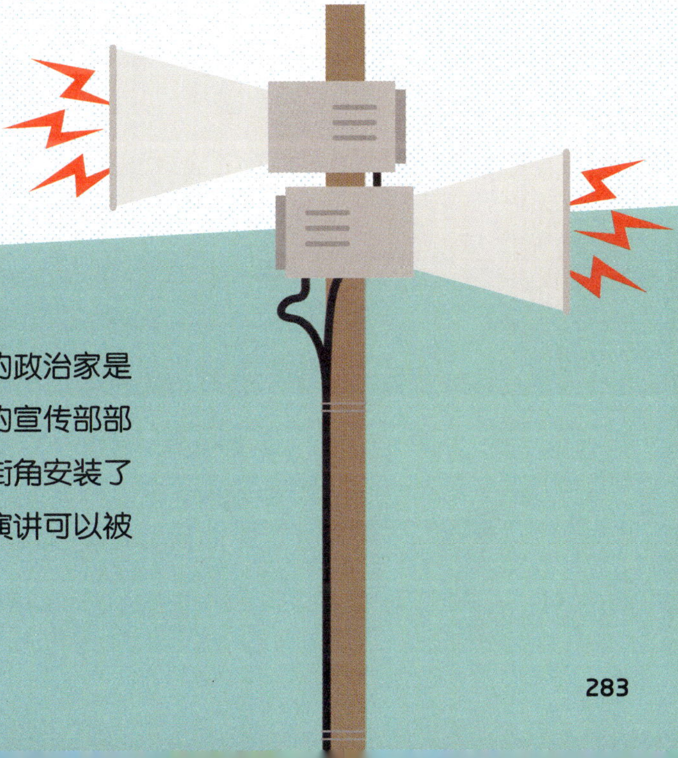

不幸的是，第一个注意到其潜力的政治家是纳粹领导人阿道夫·希特勒。他的宣传部部长约瑟夫·戈培尔在德国各地的街角安装了扬声器，因此希特勒充满仇恨的演讲可以被每个人听到。

你会戴上口套吗？

由于担心美国肥胖率的上升，发明家露西·巴姆比在 1980 年设计了一种“防吃面罩”。

凶猛的狗会被戴上口套，以防止它们咬人或其他动物。而这个发明差不多算是一种人用口套——用来防止人咬任何东西，尤其是食物。

巴姆比声称，长期接触食物使厨师和家庭主妇更容易零食成瘾，从而导致暴饮暴食。她认为，他们需要的是一种防止进食的面罩。它“锁住”了嘴巴，但不会阻碍说话或呼吸（真令人庆幸）。然而，这种面罩很难发挥作用，因为人们可以轻易地摘掉它。

让它们在你身上走来走去

如果你有宠物沙鼠，如果你不得不在让沙鼠出来玩和让它在管道系统中跑来跑去之间做出选择，你会怎么办？

这种困难的选择本应被“沙鼠背心”解决，如果它能成功地被推广应用的话。它于 1999 年发明，但你大概率没听说过。

沙鼠背心包含一个激动“鼠”心的管道网络供沙鼠探索。管道上有空气孔，所以它们可以呼吸，整个背心可以用水冲洗（在沙鼠出来之后）。这也许是带着宠物四处走动的好方法。

鸟粪，不需要的

植物需要氮才能生长良好，所以我们添加富含氮的肥料到土壤中。

在 19 世纪中期，鸟粪和蝙蝠粪是氮肥的优质来源。船只从南美洲沿海的一些岛屿收集鸟粪，随后航行到欧洲和美洲。后来，人们还从秘鲁挖掘富含氮的矿物作为肥料。

但秘鲁政府于 1909 年接管了农民开发这些肥料矿的采矿权，导致了其他地方的危机。同年，德国化学家弗朗茨·哈伯解决了这个问题。他发明了哈伯法，从空气中提取氮以制造化学肥料。空气中有的是氮，不仅仅只有秘鲁有！

种出容易堆放的水果和蔬菜

圆形水果和蔬菜很难包装。幸运的是，日本设计师小野友之于 1978 年发明了一种将西瓜种植成方形的方法。

很简单——它们只需要在盒子里长大，就能长成盒子的形状。尽管它们作为新奇物品算是卖得很好，但销量并没有达到预期，因为西瓜在成熟之前就被采摘下来了，所以味道不太好。

这些西瓜不一定是方形的——它们可以生长成任何形状，包括金字塔形、爱心形——甚至人头形。有一种透明的头形模具，于 1989 年发明，用于种植看起来像人头的奇异南瓜。

意外的发明

1943 年，工程师理查德·詹姆斯试图设计一种弹簧，以使船上的精密设备保持稳定。他意外地发现这些弹簧“走路”下了楼梯。它们被称为彩虹圈，现在是一种玩具。

糖精类的人工甜味剂于 1879 年诞生。当时，康斯坦丁·法尔伯格忘记了洗手就直接去吃晚饭，他发现自己的手指尝起来很甜。他没有把手上的化学物质冲洗掉，而是带回家继续研究。

1886 年，美国药剂师约翰·斯蒂斯·彭伯顿正在尝试制造一种止痛药时，意外地发明了可口可乐。

第二次世界大战期间，詹姆斯·赖特正在尝试制造人造橡胶，但他意外发明了一种可塑形的玩具——橡皮泥。橡皮泥于 1950 年开始销售。

1968 年，斯宾塞·西尔弗发明了一种黏性不足的胶水，无法找到合适的用途。1974 年，亚瑟·弗莱把这种胶水用于制作便利贴。便利贴最初是为了在书中做标记用的。

1955 年，约瑟夫和诺亚·麦克维克试图制造一种清洁墙纸的物质，结果发明了培乐多彩泥。

约翰和威尔·凯洛格不小心让煮熟的小麦变质了。他们试图把它们擀成面团，但这些小麦碎成了片，他们把这些小麦碎片烘焙后做出了最早的麦片。

1904 年，世界博览会上的一个冰淇淋摊位用光了盘子。一家附近的华夫饼摊提供了他们的华夫饼，用来盛冰淇淋，于是冰淇淋甜筒诞生了。

最早的人造紫色染料在 1856 年由年轻化学家威廉·珀金发明。当时他正在试图找到治疗疟疾的药物。他的实验出了问题，因此意外地发明了紫色染料。

在加热或降温后不会坏的硫化橡胶在 1839 年由查尔斯·古德伊尔发明。他意外地将某种化学混合物撒在火炉上，因此发明了这种物质。

心脏起搏器发明于 1956 年，威尔森·格雷特巴奇将错误的电阻器放入他正在制造的记录心率的设备中。随后，他发现这个设备可以使心脏有规律地跳动。

滑雪上坡？

滑雪很棒，但它需要三样东西——雪、山和能量。

1980 年的一项发明——上坡滑雪器，虽然不能免除对雪的需求，但它确实使滑雪上坡变得容易，也不会消耗太多的能量。

当你不能自己滑雪时——比如当你要上坡或跳跃过某地时，上坡滑雪器通过一台发动机和一个螺旋桨来推动你前进。这种滑雪器像背包一样佩戴，并有延伸到侧面的把手，使转向变得容易。

背起一头小牛！

当你用手抱着小牛时，你是否觉得很不方便？并不？那么也许你不需要诞生于 1992 年的这种特殊的解放双手小牛背带了。

当小牛在田野里出生时会感到寒冷，所以农民们经常需要把它们带到温暖的谷仓。但牛是大型动物，即使是小牛也会很重。这种小牛背带使搬运变得更容易——并且发明者声称——可以在骑马或驾驶拖拉机时使用。

不粘锅

1938 年，美国化学家罗伊·普伦基特正在测试用于冰箱的化学物质。当他使用气缸工作时，发现其中一个的气体消失了，但它仍然像装满气时一样重。他打开它，发现里面有一种白色的粉末，在高温下也不会改变性质。它——特氟龙（TEFLON）很快被开发使用。从锅到航天器，它被用于各种物品。

不粘锅的发明想法在10年后得以实现。在庆祝普伦基特发明不粘锅的宴会上，所有人都收到了一个不粘锅可以带回家。特氟龙材质的厨具迅速风靡全世界的厨房。

让舌头轻松一点

你有没有觉得用舌头舔冰淇淋太累？你是否更想让舌头保持不动，而是让冰淇淋自动送到嘴里？

如果你碰巧回答了“是”的话，那你可能需要理查德·哈特曼的自转冰淇淋筒。它于 1992 年发明。把冰淇淋放在塑料筒中，打开开关，冰淇淋会旋转直到你把它吃完。而这个冰淇淋筒不仅浪费了塑料和电池，甚至你都不能在吃掉冰淇淋之后把外筒吃掉。

知道你在哪里

指南针是约 2000 年前在中国发明的。一个被磁化的铁制物体会自然地与地球的南北磁场方向一致。最早的指南针是罗盘，一种天然带有磁性的铁矿石。人们把这些铁矿石制成勺子的模样，这把勺子的勺柄会自己指向南方。

罗盘革命性地改变了旅行。以前，人们是通过观察星星来导航的，这在晴朗的夜晚是可行的，但在阴天的夜晚就不行了。

后来的指南针是一种在水中漂浮着的或在空中悬浮着的磁化的针，人们靠它来辨别方向。

罗盘大约在 800 年前传入欧洲。随着罗盘的引入，水手们第一次穿越海洋，而不是沿着陆地边缘航行。它开启了贸易和探索的世界——也带来了诸如入侵和奴隶制等不好的事件。

安全第一！

法国化学家爱德华·贝内迪克斯于 1903 年站在梯子上打碎了一个玻璃烧瓶。烧瓶碎了，但是烧瓶依然保持着原状，而所有碎片都留在原位。这是因为烧瓶里含有一种液态塑料，当液体蒸发时，它在烧瓶里面留下了一层薄薄的膜，将碎片粘在一起。

同一周，贝内迪克斯看到了人们在事故中被飞溅的玻璃严重伤害的事故新闻。他在接下来的 24 小时里不断试验，并在第二天发明了安全玻璃。自 1919 年以来，安全玻璃被用作汽车挡风玻璃，挽救了无数生命。

通过回声定位

雷达依靠发射无线电并检测从物体上反射回来的无线电“回声”来计算物体与自己的距离。

德国物理学家亨利希·赫兹在19世纪末证明了金属物体能够反射无线电波。1904年，克里斯蒂安·赫尔斯迈耶首次演示了使用无线电波能够检测隐藏在雾中的物体。赫尔斯迈耶的发明起初是为了避免金属船只与其他船只或冰山发生碰撞（而不是避免和窗帘后的栏杆相撞）。

在第二次世界大战期间，几个国家秘密并独立地开发了能够探测敌方船只与飞机的雷达系统。雷达操作员发现雨、雪等恶劣天气条件会影响雷达，后来人们逐渐开始使用雷达监测天气。

让昆虫闻风丧胆

化学物质 DDT 是在 1873 年发明的，但一直被忽视，直到 1939 年瑞士化学家保罗·穆勒才注意到它对昆虫的毒性。它很快被用于在热带地区杀死传播疾病的昆虫。如果只用于此目的，可能会很好。

但在第二次世界大战后，美国政府鼓励农民喷洒 DDT 以保护作物免受昆虫侵害。

DDT 很快通过食物链传播。它不仅杀死了有害昆虫，还杀死了有益昆虫、鸟类、鱼类和任何接触到它的生物。1972 年，美国禁止了 DDT 的使用。

让阳光照耀

法国科学家爱德蒙·贝克勒尔在 1839 年意识到我们可以从阳光中获得电能。不过，想要实现这个目标有一些困难。

1883 年，查尔斯·菲尔斯在纽约的一座屋顶上安装了第一块太阳能电池板，但它们只能将接收到的能量的百分之一转化为电能。经过多年的设计和改进，第一块真正有效的太阳能电池板于 1956 年面市。它们非常昂贵，并且只能用于低功耗物品，如玩具和收音机等。

第一座太阳能发电站于 1982 年在加利福尼亚州建成。太阳能发电技术可能是拯救全球气候变化的一项关键技术。

……或者让风吹起

大约 1200 年前，第一台风车可能在波斯（现伊朗）建造。与后来的垂直风车不同，这些风车是水平的，使用 4 到 12 片由芦苇编织或布料制成的叶片，通过垂直的轴转动。它们用于磨粉或抽水。

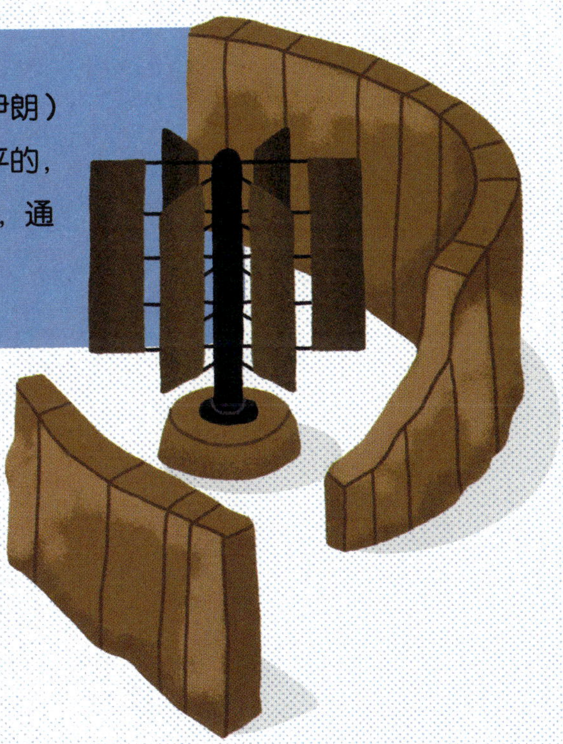

垂直风车大约在 800 年至 900 年前的欧洲出现。与水平风车不同的是，它们是机械驱动的。风车被用来将风能转换为做功。

如今，风车被用来产生“清洁”电能，被称为风力涡轮机。第一台风力涡轮机于 1887 年在苏格兰建造，这是一项了不起的发明。

把垃圾推出去

现代垃圾桶于 1936 年在美国田纳西州发明。这些垃圾桶被设计成顶部有一个盖子，以便于倒空。

直到 20 世纪 80 年代，地方政府才将它们引入家庭和企业，使收集垃圾的工作变得更容易。

为什么花了这么长时间才发明出来？这其实是个很简单的发明。也许它其实很久以前就已经诞生了——在庞贝城的古罗马人可能已经拥有了垃圾桶的原型。从发掘出的东西来看，大约 2000 年前，庞贝城的街道上可能曾有木质的带轮子的垃圾桶。

使用跑步机健身——它们曾是一种惩罚工具

人们在健身房使用跑步机跑步，而不必在恶劣天气条件下在户外锻炼。它看起来艰难、乏味——这正是设计它的初衷。

最早的跑步机于 1818 年由威廉·库比特发明，作为一种让囚犯通过踩踏板来给磨坊或水泵供能的工具。囚犯被分成不同的小组，每天需要踩踏板将近 6 个小时。这比在健身房使用跑步机辛苦多了。

1952 年，人们把这种惩罚工具改进成了一种运动器械，跑步机于 20 世纪 70 年代在健身房中流行起来。

这些也许不是好的发明

1882 年，塞缪尔·阿普尔盖特发明了一种“改良的闹钟”，用于把睡眠中的人们唤醒。这个闹钟通过用一块重重的木头砸在人的头上来唤醒人们。

1973 年，帕特·维达斯发明了一种喷火的小号。它在小号中一个隐蔽的地方藏了一些可燃气体，为音乐增添了戏剧效果。

第一只在黑暗中发光的表盘于 1917 年问世。那些画表盘数字的工人通过舔他们的画笔来让笔尖更尖。然而，发光材料中含有放射性物质——镭，这导致了许多人的严重健康问题。

裙撑在1856年诞生，随后在法国流行开来。它设计的初衷是让女士的裙子更特别，但这个设计让她们没法穿过大门，或做任何其他的日常事情。

用于染衣物的亮绿色染料于 1867 年在德国发明。不幸的是，它是由一种剧毒的化学物质砷制成的，会引起皮肤溃疡和头发脱落。

几种“减肥水”于2004年在日本推出。商家号称这些瓶装水不含卡路里，而所有的水都不含卡路里。

含铅汽油于1921年由托马斯·米季利发明，用于解决油箱中的问题，但铅是一种有毒物质。将其泵入空气是一个坏主意。它在20世纪80年代被逐步淘汰。

米季利还发明了一种叫做氟利昂的化学物质，用于冰箱的制冷剂。但它造成了地球大气层中的臭氧层空洞。

1975年，加里·图尔克发明了垃圾邮件（电子邮件），发送未经许可的广告信息给数百台计算机用户。

自动发送功能使垃圾邮件的传播现象变得十分糟糕。1997年时，电脑可以一次发送成千上万封的电子邮件。

嗅觉电视于1960年推出并迅速失败。它用于在电影的关键点发出气味。世界上只有一部电影使用了这种设备。

世界上第一艘飞艇中被填充了氢气，但这种气体很容易燃烧。1937年，兴登堡号飞艇被火焰吞噬。氢气填充的飞艇很快就被淘汰了。

索引

1234

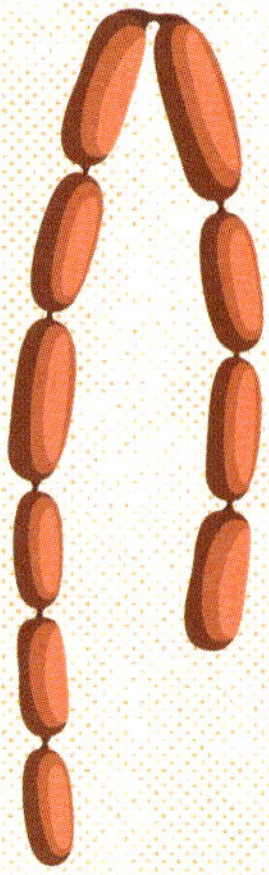

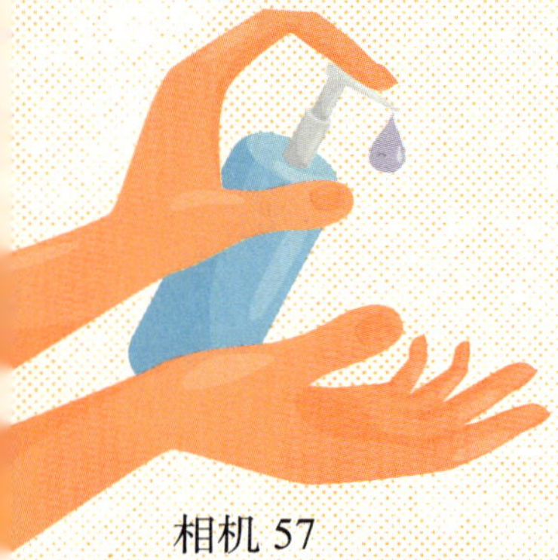